有一种人生境界叫

舍得

受益一生的枕边书

项前 ◎ 著

中华工商联合出版社

图书在版编目（CIP）数据

有一种人生境界叫舍得：受益一生的枕边书 / 项前

著 . -- 北京：中华工商联合出版社 , 2016.1

ISBN 978-7-5158-1465-0

Ⅰ . ①有… Ⅱ . ①项… Ⅲ . ①人生哲学－通俗读物

Ⅳ . ① B821-49

中国版本图书馆CIP数据核字（2015）第 240108 号

有一种人生境界叫舍得：受益一生的枕边书

作　　者：项　前

责任编辑：吕　莺　张淑娟

封面设计：信宏博

责任审读：李　征

责任印制：迈致红

出版发行：中华工商联合出版社有限责任公司

印　　刷：唐山富达印务有限公司

版　　次：2015 年 12 月第 1 版

印　　次：2022 年 2 月第 2 次印刷

开　　本：710mm×1020mm　1/16

字　　数：200 千字

印　　张：15.25

书　　号：ISBN 978-7-5158-1465-0

定　　价：48.00 元

服务热线：010 - 58301130

销售热线：010 - 58302813

地址邮编：北京市西城区西环广场A座

　　　　　19-20 层，100044

http: // www.chgslcbs.cn

E-mail: cicap1202@sina.com（营销中心）

E-mail: gslzbs@sina.com（总编室）

工商联版图书

版权所有　侵权必究

凡本社图书出现印装质量问题，请与印务部联系。

联系电话：010 - 58302915

前　言

人的一生是舍得的一生。

自古以来，人们都在不断地追求"得"，渴盼得到"得"，对"舍"则心怀无奈，万般不舍。那么，人的生活是"舍"重要，还是"得"重要？人生中的"舍"与"得"，会带给生命什么呢？

每个人舍得观不同，所收获的也不同。有的人虽家财万贯，享受着荣华富贵，但不知"舍"，于是整天愁眉苦脸；有的人虽然一贫如洗，但能伸援手时不吝惜自己微薄之力，对他人愿付出自己的热情、爱意，于是整天笑意盈盈。人的幸福感不是"看破红尘"式的超脱，而是对人生悲欢的舍与得。

古代一个秀才进京赶考，途中在经过一个峡口时，遇到了泥石流，道路堵塞，无法通行。秀才十分着急，却无可奈何，只得在一个农户家中暂时住下。

秀才问："这条路什么时候才能疏通？"

"快则一个月，慢则要半年。"

"这岂不耽误了进京赶考吗？请问还有别的路可走吗？"

农户摇摇头，"如果绕过这座山，至少也要三个月。不如先等等，路通了，我通知你！"

秀才越等越心焦，茶饭不思、夜不能寐。他想今年的科举考试一定要耽误了，为了能够考取功名，他头悬梁、锥刺股，寒窗苦读十余载，却不料因为泥石流而耽误了前程。仰天长叹，他流下了眼泪。不过他一直没有死心，盼着这里的百姓能够早日疏通道路。

日子一天一天过去了，但是由于连天阴雨，淤积的泥土越来越多，道路疏通似乎遥遥无期。看来想要如期赶到京城已经是不可能了。

……

两个月后，道路终于修通了。但此时早已过了考期，秀才落寞地踏上了回家的路。

回到家，他的家人看到秀才安然无事，关切地问："京城遭敌人入侵，死伤了许多人，你是怎么逃离京城的？"

秀才一听睁大了眼睛，他不敢相信京城竟然发生了如此灾难。而他因为泥石流滞留中途，从而保住了一条性命，也算是因祸得福了。

人生有得就有失，有失就有得，得失有时互为转化，所以要有一颗平常心。幸福的人会用乐观的心态把生活中的坎坷路走得更坚实，他们的日子也不会有太多的遗憾。

生活就是这样，如果你能以一种感受幸福的心态面对一切，你就会带着最纯最真的心幸福地远行。

目 录

第一章　人生没有第二回

古时人们常说：有了千田想万田，当了皇帝想成仙。知足者，吃粗陋食物、睡草席亦觉香甜安乐；而不知足者，天天锦衣华服、餐餐山珍海味也不称意。

人生没有第二回，财富永远存在，但财富永远不专属于哪一个人。

第二章　只有"心"不会嫌弃你

人的心永远和人在一起，所以，心安人就安。人的心灵不失衡，时时保持平稳，人就不会被各种利益所诱惑。

第三章　不能改变他人，就改变自己

改变，对自己来说不是立竿见影的事，是很痛苦很难受的事。人总想改变他人，但换位想一想，让他人改变是一件多么难的事呀。所以说，在这个世界上，要想和他人建立好关系，有时非得改变自己不可。

第四章　感谢生活

　　人的一生只有昨天、今天、明天三天。

　　学会低头，懂得敬畏，保持积极向上的态度，生命才会加大宽度，人生才会焕发出精彩。

第五章　真正的富有不是靠"占有"得来

人的一生是劳动的一生，是靠双手创造的一生，靠不劳而获，靠他人施与，都不是得到财富的正确道路。

第六章　寻找真实的自己

每个人都有自己的人生选择，但最重要的，是找到真实的自己，这样才能创造自己生命的"乐章"。

第七章　没有永远混浊的河水

少一些"想法"，少一些私心杂念，看淡一些"得不到"和"已失去"，把握现有的点点滴滴，快乐幸福就在你身边。

第八章　多情总被无情恼

婚姻学中重要的一课是睁开一只眼欣赏对方优点，闭上一只眼包容对方缺点。

友情学中重要的一课是在他人困难时无私地伸出自己的援手，在患难中显现友谊的忠诚。

伦理学中重要的一课是孝顺。

第一章

人生没有第二回

古时人们常说：有了千田想万田，当了皇帝想成仙。知足者，吃粗陋食物、睡草席亦觉香甜安乐；而不知足者，天天锦衣华服、餐餐山珍海味也不称意。

人生没有第二回，财富永远存在，但财富永远不专属于哪一个人。

买像

世间的事有时是很奇怪的，就比如下面这件事。

传说，玉皇大帝在天上待烦了，便下到人间。有一天，他变成一个老头，来到一家店铺，看到一尊自己的坐像，青铜所铸，像极自己，于是非常高兴，想买下来，可店铺老板一看他衣冠华丽，坚持这尊像要 2000 元，少一文都不行，玉皇大帝无论怎么讲价，店老板就是咬定价钱不松口。玉皇大帝依依不舍离开店铺。

玉皇大帝回到旅店，对他 9 个随从谈起此事，随从们很着急，问他打算以多少钱买下它，玉皇大帝说："500 元。"随从们大为吃惊："那怎么可能？"玉皇大帝说："你们都去，我肯定最终能买回来。"

第一天，一个随从来到店铺里和老板讲价，1600 元，老板想起昨天那个老头想买像，虽说没买万一还回来呢？于是坚决不卖，第一个随从未果回旅店。

第二天，第二个随从来到店铺和老板讲价，咬定 1200 元不放，店老板想起昨日 1600 元想买佛像的人，依旧不卖，第二个随从未果返回旅店。

就这样，直到最后一个随从，在第九天去店铺买像时所给的价钱

已经低到了200元。眼见为这尊坐像每天都有人问价，但给的价钱却一天比一天低，店老板很是着急，每一天他都后悔，后悔不如以前一天的价格将此像卖给前一个人。

店老板深深地责怪自己太贪心。到第十天时，他在心里不住地说，今天若再有人来买或问这尊坐像，无论给多少钱我都要立即出手。

第十天，玉皇大帝来到店铺，说要出500元买下坐像，店老板高兴得不得了，他认识这个想买坐像的老头，他想起好多天前这个人就想买。他十分高兴，他不想讲价了，当即出手，高兴之余另赠玉皇大帝龛台一具。

玉皇大帝拿着那尊坐像，付了钱，谢绝了龛台，单掌作揖笑曰："凡事有度，一切适可而止啊！"

"欲望"，是每个人都具有的正常心理，只是很多人对"欲望"心理不设限制，对"欲望"无所禁忌地追求。这种追求实际上是放纵自己，是一种对自己的极不负责任。

故事中店老板的"欲望"是要将商品多卖钱，于是为了得到更多钱，不顾买方承受心理漫天要价，而买东西的玉皇大帝的"欲望"是少花钱，于是尽量想以低价获得。他们两人"欲望"的本质没有区别，只是"欲望"的出发点不一样。但"凡事有度，适可而止"是对控制"欲望"最通用的法则。

赚钱要赚"良心钱"，绝不能"漫天要价"或"坐地还钱"，因为赚钱要合理；讲价要讲"真心价"，不能随性张口压价，或一味贬低商品价值，以达到个人"占便宜"目的。

古董桌子

诚信是无价的，是人际关系及商业行为中的至上原则。生活中许多想要占他人便宜或是欺骗他人的人，最终的结果都是以谎言被揭穿或阴谋被人识破而告终。而一些无信用之人，自认为聪明，动不动对别人用计、耍手腕，或以谎言取巧，或以诈术牟利，虽会得一时之逞，但最终会成为他人厌恶的对象。

一个古董商人走村串户收购古董。一天，当他来到一户人家，看到厅堂里有一张古代的桌子，雕刻精美，木质稀贵，无论是艺术价值还是实际价值，都可称之为绝品，于是商人便开始打起了小盘算。

商人摸着桌子说："这真是张表面看很精美的桌子。"

这户人家的主人并无言语，只是看着他。

商人马上又叹道："和我家的那张桌子简直太像了，唉！只可惜是个重看不中用的桌子。"

这户人家的主人仍没作声，只是看着他。

商人又说："我家的那张桌子在搬家时给弄坏了两条腿，你可否将此桌子卖与我？我愿出一千元的高价。"

这户人家的主人说："你既然说中看不中用，你家那张桌子也别要了，还买我这张桌子干吗？"

商人笑道："我是想用你家桌子的腿来代替我家桌子腿恢复原貌，我家桌子对我有特殊意义，我买你桌子，出的价钱高，也算是你成全我一桩好事，如何？"

这户人家的主人想，这张桌子虽然用了许多年，但太大太重了，移动又不方便，一千元钱也挺高的，便答应卖掉它。

此时的商人，高兴至极，心想这张桌子起码能卖十万元以上，现在竟花一千元买下；他暗暗抱怨自己刚才出的价太高，他要求这户人家的主人帮他将桌子搬到院里，等他来车接。说完，便三步变两步跑出去叫车去了。

这户人家的主人招呼家人，将桌子搬到院中，担心商人嫌桌子重，拿起放下这张桌子不方便，心想反正商人用的是桌腿，不如将桌子劈为两半，也好方便搬运。于是，便拿锯将桌子从中间锯开。

当商人引导着车回来后看到此场面，听到这户人家的主人想法后，气得目瞪口呆，又无话可说。

这个故事讲述了现实中一些人，经常认为自己才智过人、聪明绝顶，故做事喜欢耍小聪明，占小便宜，实际上做人也好，经商也罢，讲究的都是一个"诚信"。如果不讲道德，不顾诚信，一味追求金钱利益，惯使坑蒙拐骗的"奸商"伎俩，即使能得一时一事之利，最终也会走向名誉自毁、利益均失的地步。

而言而有信，信中带诚，则是人立身处世的根本之道。

好的信誉是一个人生存的无价之宝，背信弃义带来的只会是名誉扫地。信用是一个人身份的无形资本。为事不诚，事必败；待人不诚，必失德增怨。

"桐叶封弟"

"桐叶封弟"是我国古代一个著名的讲诚信的故事。

周武王死时，成王年龄非常小，由他的叔父周公旦摄政。周公旦十分有才干，短短几年，就把周朝治理得井井有条。

一天，成王与自己小弟弟叔虞在宫中的一棵梧桐树下玩耍。

忽然，一阵风吹来，梧桐树上的叶子纷纷飘落在地。

成王一时兴起，从地上捡起一片梧桐叶，用小刀切成一个玉圭（当时分封诸侯的符信）形状，随手将它递给叔虞，说："我要封给你一块土地，这就是凭证。"

叔虞听到哥哥这么说，高兴极了，拿着这片用梧桐叶做成的"圭"，跑去将此事告知他们的叔父周公旦。

周公旦听了叔虞说的话，立刻换上礼服，走来向成王道贺。成王不解地问："叔叔，您为什么要特地穿上礼服，向我道贺呢？"

周公旦面带微笑地对成王说："我听说，你已经册封给你弟弟叔虞一块土地！这是件大好事啊，我怎能不赶来道贺呢？"

"哦——那件事啊！"成王说："叔叔，刚才，我只不过是和叔虞闹着玩，不是真要册封土地给他呀！"

成王话刚说完，周公旦说："无论是谁，说话都要以'信'为重。

你身为天子，说话不能随随便便，更不能任意开玩笑。如果这样，天下的老百姓怎么能信赖你呀！你还有资格做天子吗？"

成王脸红了，他决定将说过的话兑现。于是将唐地封给了弟弟。这就是历史上著名的"桐叶封弟"故事。这个故事讲明了这样一个道理，即：人无信不立。答应了别人的事，或许诺了他人，一定要做到。

讲信用、守诺言，是人立身处世之道，也是一种高尚的品质和情操，它既体现了对人的尊敬，也体现了对自己的尊重。

一文钱救命

选择是人生路上处处遇到的事情，只是有大有小，有重要的有不重要的，有原则性的，还有非原则性的。但是上天赋予了人选择的权力，并且赋予人出自自己心愿的选择权利，这是不容置疑的。有些人说：我很多选择是被动的。其实不管被动选择，还是主动选择，都是选择。

放弃也是人生路上处处遇到的选择，也是有大有小，有重要的有不重要的，有原则性的，还有非原则性的。放弃也是上天赋予人的权力，也是赋予人发自内心的选择权利，也是不容置疑的。有些人说：我很多放弃也是被迫的，其实即使是被迫放弃，也是选择的结果。

选择伴随着人的一生，选择决定着人的命运；放弃伴随着人的一生，放弃也决定着人的命运。

生活中，不会放弃的人是不懂得选择的真谛。像小蝌蚪之所以变成了青蛙，是因为它敢于舍弃了自己漂亮的尾巴；像章鱼在遇到"强敌"时，丝毫不留恋自己的内脏，它将它们舍了出去，借以逃生；所以，古代有个命题：当鱼和熊掌共同摆在你面前，你只能选一样，你会怎么办？

有一个富翁，挣了钱回家，在坐船过河时，由于风浪太大，船被浪打翻了，富翁落入水中。由于身上钱袋中钱太多了，使他本来可以游到岸边却游不动。

已游到岸边撑船的艄公以及船上纷纷落水游到岸边的人冲他喊道："快扔了身上的东西吧，这样可以轻松些。"

富翁虽然听见了，但他想：我已经够倒霉的了，碰上这可怕的风浪落入水中，现在还要扔掉我辛苦赚来的钱，那我不是傻瓜吗？对，我喊救命，谁来救我，我给他一文钱。富翁深为自己的主意得意。他趁大浪将他托起时，高喊："救命，谁救我给他钱。"

岸上的人对艄公说："你水性好，去救他吧，他给你钱。"

艄公说："浪太大，我的水性虽好，但救人救不了。"

岸上的人纷纷说："你试试吧，毕竟就他一个人没游过来了。"

艄公大声喊道："你给我多少钱？"

富翁说："一文钱"。

艄公摇了摇头，"一文钱可不行，十文钱吧"。

富翁说："就一文钱"。

岸上的人纷纷冲富翁说："这么大风大浪，一文钱太少，你就给十文钱吧。"然后又冲艄公说："救人，你这是积德啊！我们给你作证，救他上来让他给你十文钱。"

艄公见众人如此说，便下河向富翁游去。

艄公游到富翁处，拉起富翁的手，向岸边游去，然而富翁人胖，身上又挂着装有许多钱的袋子，艄公也没力气了，风浪越加大起来，艄公对富翁说："你扔掉包袱吧，我拉你游会轻松些"。

富翁说："不能扔，包袱里装的都是钱"。

艄公说："风浪太大，再游不到岸边，我们两人都活不了，我不要你钱了，你扔掉吧，我拉你游到岸边。"

富翁说："我决不扔包袱，那是我的钱袋。"

艄公放弃了富翁，独自游到岸边。

富翁在风浪中挣扎多时，终于丢掉了性命。

这个富翁就是一个不知道放弃的人，须知钱乃身外之物，没钱了，可以再去挣；而生命没了，所有一切就没了。

人生不是全选的生活，人生在遇到选择时只能有一种选择，人生在遇到放弃时也只能做一种选择，尽管选择与放弃可以随时改变，然而一旦选定，那必然是唯一的，不是"兼得"的。生活原本是简单的，有时就因为是选择还是放弃而致使人陷入矛盾、痛苦以及哀伤中，就像有人又想结婚，又想过单身自由的生活，这是不太可能的。没有做不到的事，只有不会变通的人。

金嘴鸟

古人说："欲不除，如蛾扑灯，焚身乃至。"

世间有些人在遇到有利可图之事时，就会削尖了脑袋拼命往"利"里钻，不管里面是荆棘还是泥潭。其实知足常乐才是人对待生活的正确态度。古人说：不满则怨。这话十分正确。世间许多人正是因为存了太多"不满之心"，失去了对生活应有的常态。

世间的金钱永远也赚不够，世间的利益永远也得不全。而人生价值的真谛不在于位高权重、财富加身，在于快快乐乐地过好每一天。所以，每个人都应理智地面对人生路上名利的诱惑，真正做到"事到知足心常惬，人到无求品自高。

一个老头在森林里砍柴。当他抡起斧子正准备砍一棵树时，一只金嘴巴小鸟突然从树上飞下来。

金嘴巴小鸟对老头说："你为什么要砍倒这棵树呀？"

"家里没柴烧。"

"那你也不要砍倒它。回家去吧，明天你家里会有许多柴的。"说完，金嘴巴小鸟儿就飞走了。

老头空手回到家，他对老伴说："上床睡觉吧，明天家里会有许多柴的。"

老伴"哼"了一声，不相信老头的话。

第二天，老伴起床出门，发现院子里堆了一大堆柴，高兴地大叫老头："真神了，这么多柴，可是我们却没有吃的。你去找神鸟，让它给我们送点吃的。"

老头又回到森林里的那棵树下，高声叫着："神鸟，神鸟"。金嘴巴小鸟飞来了，它问："你想要什么呀？"

老头回答说："我的老伴让我来对你说，我们家没有吃的了。"

"回去吧，明天你们家会有许多吃的。"金嘴巴小鸟说完又飞走了。

老头回到家，对老伴说："上床睡觉吧，明天家里会有许多食物的。"

第二天，他们果真发现家里出现了许多鸡鸭鱼肉、甜食、水果、酒和其他他们没见过的食物。他们饱餐了一顿后，老伴对老头说："快去找神鸟，让它送我们一个商店，商店里要有许许多多东西，这样，往后我们的日子就舒服了。"

老头又来到了森林里的那棵树下，呼唤金嘴巴小鸟，小鸟飞来问他："你还想要什么？"

"我的老伴让我来找你，她请你送给我们一个商店，商店里的东西要应有尽有。她说，这样我们就可以舒舒服服地过日子了。"

"回去吧，明天你们会有一个商店的。"金嘴巴小鸟说。

老头回到家把经过告诉了老伴。

第二天他们醒来后，简直都不敢相信自己的眼睛了。家里到处都是好东西：布匹、纽扣、戒指、镜子……真是应有尽有。老伴仔细地清理了这些东西以后，又对老头说："快去找神鸟，让它把我变成王后，把你变成国王。"

老头回到森林里那棵树下，呼唤来金嘴巴小鸟，对它说："我的老伴让我来找你，让你把她变成王后，把我变成国王。"

金嘴巴小鸟望了一下老头，说："回去吧，明天早上你会变成国王，你的老伴会变成王后的。"

老头回到家，把金嘴巴小鸟的话告诉了老伴。

第二天早上醒来，他们发现自己穿的是绫罗绸缎，吃的是山珍海味，周围还有着一大堆侍臣奴仆。

可是，老伴对此仍不满足，她对老头说："去，找神鸟，让它把魔力给我，让它来宫殿，每天早上为我跳舞唱歌。"

老头又去森林那棵树下找金嘴巴小鸟，这次，他呼唤了许多时候，最后总算将金嘴巴小鸟呼来了。老头说："金嘴巴小鸟啊，我的老伴想让你把魔力给她，她还想让你每天早上去为她跳舞唱歌。"

金嘴巴小鸟愤怒地盯着老头，说："回家等着吧！"

老头回到家，他们等待着。

第二天起床后，他们发现自己被变成了两个又丑又小的矮人，皇宫变回了最初他们一无所有的茅屋。

这个经典的故事告诉人们财富面前不要无度追求。现实生活中，有"贵人相扶"是件大好事，但一定要把握好分寸，切不可太过贪婪。否则，一旦引起对方反感，就可能一点"好处"也没有了。

古语说：物极必反。人不能太贪婪，一味钻入"钱眼"中，看到的只会是利益，而别的东西，像友情帮助、像幸运加身等会全部被忽略。因为人们眼中只盯着"利"，人性就会扭曲变味，长此以往，不仅沦为"利"的奴隶，同时会成为孤家寡人，不再有朋友。而名利，实际上如过眼烟云，生不带来，死不带去，故此，人一定不能"为物欲所累"，如果以追求财富为终生目的，心灵就会被物欲利诱腐蚀，人也会掉入深渊中不能自拔。

金砂坑

生活中，往往有很多出人预料的事，有让人不如意的事，但也有"天上掉馅饼的事"，当然这种"好事"少之又少，而得到这种"好事"的人被他人称之为有运气的人。

很久以前，在一个山谷中有一股细细的山泉，沿着窄窄的石缝，"叮咚叮咚"往下淌，不知过了多少年，水把岩石冲刷出一个碗大的浅坑。以后，浅坑中总浮着黄黄的金砂，每天不增多也不减少。

有一天，一位砍柴的老汉来到这里，歇脚在这喝山泉水，偶然看见了"碗中"闪闪的金砂。惊喜之下，他小心翼翼地捧走了金砂。

从此，老汉不再受苦受累，不再爬山越岭砍柴。每到十天半月，他就会来此地取一次金砂，老汉的日子很快富裕起来。村里的人都感到蹊跷，不知道老汉交上了啥财运。但老汉对这秘密却守口如瓶，既不告诉父母，也不告诉妻小。

终于，老汉的儿子跟踪父亲，发现了秘密。他在认真看了窄窄的石缝、细细的山泉，还有浅浅的小坑后，埋怨父亲不该将这事瞒着，不然早发大财了，他向老汉建议，把小坑凿大。

老汉开始不同意，架不住儿子天天磨他，老汉想了想，终于同意了。于是说干就干，父子俩很快就把小坑凿成了个大坑。父子俩累得

大汗淋漓，想到今后可以获得更多的金砂，高兴得不知说什么好。然而，从此以后，金砂不仅没增多，反而就此消失得无影无踪。父子俩百思不得其解，金砂哪里去了呢？

原来，老汉和儿子将坑凿大，破坏了此处的地理结构，金砂便不存在了。老汉本是个幸运的人，但因为"心贪"最终失去了幸运。

人对财富的追求应有正确的态度，特别是随着年龄的增长应不断降低欲求。名利富贵不是人生的唯一追求，尽管丰厚的物质享受能带给人快乐，但却是短暂易逝的，只有精神上的不断充实，心灵才会历久弥新。

任何事物"得失"界限不会永远不变，得而失之、失而复得的情况，在生活中是经常发生的。人对名利的"欲望"是与生俱来的，但一定要为"欲望"设置底线，才能防止"欲望"无限扩大、膨胀。

人对待"幸运"也是一样，要正确对待"幸运"——不过分贪婪，只有这样，"幸运"才能长久。

人生没有第二回

生活中，命运往往在满足人的一个"欲望"的同时，再抛给他一个更让他动心的"欲望"在眼前。但人生没有第二回，如果凡事知足、适可而止，不为了追求"欲望"拿生命做赌注，才能真正获得幸福，而这一切皆源于一个人内心对"欲望"是否持淡定、淡泊、淡然的态度。

有个人去沙漠中寻找宝藏，宝藏没找到，所带的食物和水却所剩无几。又过了几天，这个人的食物和水也没了，整个人没有一丝力气，他只能静静地躺在沙漠里等待死亡的降临。

在死的前一刻，他向天做了最后的祈祷："天神啊，救救我这个可怜的人吧！"

没想到，天神真的出现了，问道："我能帮你什么呢？"这人急忙回答说："我想要食物和水，哪怕是很少的一点也行。"

天神满足了他的要求。扔下食物和水。这人吃饱喝足以后，又继续向沙漠深处走去，很幸运，他找到了宝藏，那些宝藏散发着令人夺目的光彩。他贪婪地将宝藏装满了身上所有的口袋，但此时，他发现已经没有足够的食物和水来支持他走完回去的路了。

他带着宝藏向回走，由于体力不断下降，他不得不扔掉一些宝藏，一边走一边扔，到最后把身上所有的东西都扔掉了，还没有走出沙漠。

他再一次虚弱地躺倒在地上，他又向天神做了祈祷，天神又出现了，问道："现在你要什么？"

他回答道："食物和水，更多的食物和水！"

但这次天神没有答应他，最后，这个人死在沙漠中了。

生活中，很多人只看眼前利益，只追求于一时的拥有；还有些人在得到或拥有后，不去想长远的事，俗话说，人无远虑，必有近忧，只看自己眼前利益的人，将成为利益的奴隶。

所以，一个人要对"欲望"设限，否则，如果总被过高过多的要求"拴着"，会丢掉自身操守，在追求时不择手段，失去自我，陷入"欲望泥潭"走不出来。当然还有些人在"欲望泥潭"中仍不知"放手"，认为"贪心"正常，被利益左右，被不满足控制，直至最终害了自己。

不拿利益做生命赌注的人，才能真正获得幸福。

和生命赛跑

和生命赛跑的人，有吗？有，而且很多。

人的一生，到底是为了什么活着？难道只是为了攀比名利、财富？难道只是为了得到他人羡慕的眼神？有道是欲壑难填。

大凡人认为自己活得不好、不满足，都与其欲望过多、过大有关。他们除了追逐不断滋生的"欲望"，还整日幻想非分的名和利，他们追逐"欲望"以及名利的脚步快得就像和自己的生命赛跑。

从前，有一位财主，家境阔绰，但总觉得家里还少了什么似的。一天，妻子告诉他，家里现在最缺的就是一位"儿媳妇"。财主想了想：的确如此。但是，可以称得上门当户对的对象，只有国王的女儿。不过，如果要娶公主当媳妇，一定要比国王更富有，国王才能答应嫁女儿。可是，要怎样才能做到比国王更富有呢？

为了这件事，财主每天茶不思、饭不想，不久就病倒了。有一天，从外地回来的一个人对他说："我刚从一个地方回来，那里有一个有求必应的神仙，只要您去求他，任何东西他都可以给您，能圆您的心愿。"财主问："是真的吗？"这人回答："当然是真的！"财主随即要妻子为他准备行囊，准备前往。妻子疑虑地问："你不是病了吗？为什么还要急着出远门呢？"财主说："这种事不能等，我要赶快启程，

见到了神仙，我不光病会很快好，而且马上会得到比国王还要富有的东西，到时就可以上国王的皇宫去给儿子求婚了。"妻子无法阻拦，只好为他准备干粮、衣物。

财主日夜兼程，赶了五天的路程后，终于见到了神仙。他祈求神仙能够满足他的心愿。

神仙说："你想要什么，我都可以给你。"

财主说："我想要土地。"

神仙回答："可以，但你想要多少呢？"

财主心想：我想要全国再加上全国以外的土地，这样就比国王的财富多了。但他不敢开口，他怕他的要求太大，神仙不同意。

神仙见他半天不说话，便对他说："这样好了！你只要在明天天黑以前回到我这里，凡是你走过的土地都属于你。"

财主一听，心中十分欢喜！第二天天未亮时，他就动身出门去了。他跑呀跑，一刻也不敢停下来。连口渴时，也舍不得停下来喝口水。饭更别提了，一顿都没吃，唯恐少跑一步，就会少掉一块土地。

直到天黑，他才百般不舍、万般无奈地往回跑。当他跑回到神仙的面前时，神仙问他："你走了这么远？土地够了吗？"

财主疲惫不堪地回答："还不够多。"说完，竟然在神仙的面前倒了下来，断了气。

财主是死于和生命赛跑。

人一旦贪欲过大，就会利令智昏，利欲熏心，就会计较得失，算计他人，被利益蒙住双眼。有道是："有了金子还嫌没有宝玉，封了大官还想当皇帝。"知足者，吃粗陋食物、睡草席也觉安乐；不知足者，就是天天锦衣华服、餐餐山珍海味也不称意。

古语"人为财死，鸟为食亡"，是对争名夺利者的形象写照。贪婪无度者，既没有亲情、爱情、友情，又没有助人之心，甚至自己正常的生活都会被忽略，是典型的利益"奴仆"。这些人并不认为自己"贪利"行为的可怕，反而在"贪利"的诱惑下在这条可怕的道路上越走越远，直至被终身"套牢"，方知"平淡生活"的宝贵，但已为时晚矣。

所以，不做金钱、利益的"奴仆"，因为再多的钱、再多的利益，也只是一时拥有。

贪小便宜吃大亏

贪小便宜吃大亏，是一句古话，但却是实践证明了的事。生活中，很多人爱贪小便宜，还有些人认为不占小便宜太吃亏，这些人都是目光短浅的人，它们过分看重眼前的小利益，甚至让这些小利益牵着自己走，在争或夺中放弃自己的尊严，不顾一切抢夺，甚至丑态百出。还有些人在占"小便宜"时不仅占不到"小便宜"，反而掉进别人精心设计的"圈套"之中。

有一天，狐狸看见乌鸦嘴里叼着一块刚刚捕获来的肉，就十分想得到这块肉，可是由于乌鸦在树上待着，狐狸在树下，狐狸便想用计骗乌鸦丢掉这块肉。狐狸眼珠一转，计上心头。

狐狸大声对乌鸦喊道："亲爱的乌鸦妹妹，您最近过得可好，我早就听说过您的歌声是整个森林中最美妙的声音，很想聆听一下您的声音，一直苦于没有机会，这次正好碰见您，机会难得，您赏脸唱两句？我也好给大家宣传宣传您。"

乌鸦听了狐狸的话，心里顿时美滋滋的，可是它知道狐狸一贯狡猾，自己同伴们都没少受它的捉弄，这次说不定又在打自己什么坏主意，所以就对狐狸不加理睬，只顾吃着嘴里的肉。

眼看着乌鸦嘴里的肉被一口一口地吃掉，狐狸心里别提有多着急了，它接着说道："乌鸦妹妹，我觉得您不仅是咱们整个林子里歌唱得最好的，就连您的羽毛也是那么漂亮，我想，趁着您今天这么闲在，边跳舞边唱歌，如何？我看最美丽的歌唱舞蹈家非您莫属了。"

乌鸦开始相信狐狸的赞美了，它想，狐狸是真心赞美自己的，它真会替自己宣扬有一副美妙的歌喉呢？于是忘记了嘴里正吃的肉，张开口就唱，摆弄身体就舞，嘴里叼着的肉掉了下去，树下的狐狸一见，立刻叼着那块肉逃之夭夭了，只剩下乌鸦独自在树杈上默默地流泪。

这个故事中，乌鸦有贪小便宜的心理。实际上狐狸的伎俩很一般，但乌鸦却失去了警惕，掉进了狐狸的陷阱中。所以，警惕他人的"赞美"或给予的"小利"，不贪图"小便宜"，不仅能保全自己不受伤害，同时还表现出自己做人的高尚情操。

人是群居动物，生活中、工作中，难免要接受旁人的品头论足以及"算计"。一般情况下，人的善良容易被发现，人的"险恶"很难看出，学会辨识人心，即对他人的行为要多观察，对他人的言语要多想想，尤其是对待不熟悉的他人过分热情时，更要头脑冷静。

要记住，任何时候"贪心"都是自己的大敌，小便宜更是不能沾。

金山

世间"取和舍"这两字往往是连在一起的。因而，如果只知"取"而不知"舍"，是属于贪得无厌、不知足的人，等于是在"自取灭亡"，陷入"取之深渊"。而知"取"又知"舍"的人则是有大智慧的人。

有兄弟两人，哥哥吝啬而贪婪，弟弟则心地善良。后来，他们的父母去世了，哥哥把全部财产据为己有，狠心地把弟弟赶出家门。

弟弟没有办法，从家中走出来，想到父母双亡，自己马上要过着流浪的生活，伤心地哭了起来。这时，飞来了一只大鸟，它问明原因，很同情弟弟。

大鸟告诉弟弟说，有一座金山，山上有许多金子，如果想要的话，它可以驮着弟弟到金山上去捡金子。但是，他们必须在太阳出来之前离开，否则就会被太阳烤化了。

弟弟千恩万谢。大鸟让弟弟骑在自己背上，飞到了那座金山上。

那座金山上到处都是金块、金条、金片、金珠，映得人眼睛都睁不开。弟弟高兴极了，他拿起一块儿大金子就要回去，大鸟劝他再多拿点儿，弟弟笑着说："够了够了"，他们很快离开了这座金山。

从此，弟弟发了财。弟弟盖了房，养了鸡、鸭、牛、羊，还娶了媳妇儿，过起了幸福生活。哥哥看到弟弟如此，找到弟弟问清原委，也找到大鸟，让它驮自己到金山上，大鸟像嘱咐弟弟那样嘱咐了哥哥，但哥哥看到满山亮闪闪的金子时，拼命地捡，一大麻袋捡满了，又捡一大麻袋，不管大鸟怎样催促提醒，哥哥就是不听，哥哥认为只有把金山搬空，自己才会更幸福。

太阳露头了，大鸟飞走了，结果贪财的哥哥被活活地烤死在金山上了。

现今，很多人总认为自己钱少，总认为自己不幸福是因为钱不够多。他们认为所谓幸福就是要有钱，要有很多钱，因此在寻找利益时，往往忘了"取舍"二字是相连的，总希望"取"的越多越好，或者"取多"不"取少"，在"取"时，耳中听不得别人劝阻的话，眼中看不到"不取"的边，不停地"取"，最终陷入"取之泥潭"不能自拔。

人在面对诱惑的时候，一定要能驾驭自己的心态，不被"欲望"主宰，否则，就会不断沉沦，因为"贪婪的心就像一个无底洞"，再多的利益也无法填满。

人并非只有成为千万富翁、亿万富翁才能得到幸福，幸福是一种内心的感受，与奢侈和富足无关。知足之人，对事物追求会有所节制，不知足之人，时时为"利""忙忙碌碌"，直至离开这个世界仍认为财富不够。

18个橘子

很多时候，并不是"不放手"就能永远拥有手中的东西，就像手中紧握的沙，越是紧紧攥住，流失的就越多。反之，放开手，漏掉的仅仅是少数，大多数仍在手中。

父亲从市场回来，买回了一大袋橘子，儿子看到后立刻从里面拿出了一个。

父亲没说什么，从那袋里数出17个橘子，一个一个地摆在桌子上。他要儿子把这17个橘子分成三份——父亲一份，母亲一份，儿子一份。要求儿子的一份是桌上橘子的二分之一，母亲的一份是桌上橘子的三分之一，父亲的一份则是桌上橘子的九分之一。规则是，既不能把橘子剥开，也不能剩下。这下可把儿子急坏了。17不能被二、三和九整除，怎么也不可能按父亲的要求分开的呀？儿子急得抓耳挠腮，恨自己数学没学好。

父亲见状，在一旁叹了一口气说："要是有18个橘子就好分了，是不是？"

儿子是一个非常机灵的孩子，一听这话，知道是父亲在提醒自己，赶紧把手里那个还没来得及吃的橘子拿出来，放在桌子上凑成了18个。这样难题就迎刃而解了——更令儿子高兴的是，他先前得到的那个橘子仍属于他。

父亲对他说："儿子，这下你应该知道了吧，解这道题的关键是你必须舍。你要是不舍自己手里的橘子，你永远不可能解开这道题的；你要是能舍，你就能很容易地解开这道题。而且，一旦你舍了你已经拥有的东西，你往往什么都不会再失去。孩子，人生是一道选择题，有时要选择舍，或选择放弃，有时要选择坚持或选择不放弃，具体情况具体分析，否则，题解起来就会有麻烦，易出错，甚至解不下去。"

儿子点点头。

人的一生，干什么事情都必须要有"舍"的胸怀。"舍"和"得"是对立的，也是互补的。有些人把"得"看得过重，不愿意"舍弃"到手的或即将到手的东西，于是，要么期盼他人永远无偿给予自己，要么期盼他人不要向自己索取。而对于想"得"的东西，"得到"了十分兴奋，"得不到"沮丧万分。特别是，由于"不舍"，当失去利益后，怨天忧人，烦不胜烦。

其实，生活中敢于"舍"的人，也许在别人看来很傻，但有句古话："傻人"有"傻福"，因为生活不会永远亏待"敢于舍的人"。乐于成人之美的人会得到他人的帮助与配合，所以帮助他人也就是帮助自己。

人心不足蛇吞象

世间山珍海味再好吃，人也只能一日吃三餐，一日三餐饭菜再多，人吃饱了也就吃不下去了；金银珠宝再珍贵，在任何人手中都是暂时拥有，永远不专属于哪一个人。人一旦离开了人世，财富也就易主。所以，不贪是做人的根本，如果贪心大，贪得无厌，人就永远没有满足之时，心也就永远无快乐可言。

有一个人潦倒至极，每天睡在庙里一张长凳上。

后来，他觉得快死了，便向老天祈祷："神啊，救救我吧，只要给我一个金币，我就死不了了。"

神真的显现了，看他可怜，扔给了他一个口袋，说："这个袋子里有一个金币，但是当你把它拿出来以后，里面又会有一个金币，你想花钱的时候，就把这个钱袋扔掉。"

那个人听完神的话，精神了许多，开始他不相信，后来试着一拿，果真拿出一个金币，他把手再伸进袋内，又拿出一个金币，他兴奋起来，他不断从袋中往外拿金币，整整一个晚上都没有合眼，地上到处都是金币。这一辈子就是什么也不做，这些钱已经足够他花的了。但是每次当他决心扔掉那个钱袋的时候，他都舍不得。于是他就不吃不喝地一直往外拿着金币，直至周围堆满了金币。

可是他还是对自己说："我不能把袋子扔了，只要袋子在，钱就会源源不断地出来，还是让钱更多一些的时候再把袋子扔掉吧！"

到了最后，他虚弱得没有力气把钱从口袋里拿出来了，但是他还是不肯把袋子扔了，终于死在了钱袋的旁边，而他周围尽是金币。

古时人们常说：有了千田想万田，当了皇帝想成仙。人心的不满足以及欲壑的难填，会使形形色色的人打破了自身原有的平衡，沦为金钱利益的奴隶。古代像秦始皇为了长生不老，浪费人力物力大炼丹药，还有其他一些朝代的帝王为了死后像生前一样享荣华富贵，大修坟墓，将活人、金银珠宝陪葬，这些都是欲壑难填的表现。

人的"知足"与"不知足"，取决于对金钱的态度。俗话说，人心不足蛇吞象。贪图金钱利益，终被金钱利益所累；热衷地位权势，会为地位权势"套牢"。人的最大财富是自己的生命，所以，金钱利益再多，地位权势再大，也代替不了健康的鲜活的生命。

俗话说，知足常乐。懂得知足，人才能从名利的枷锁中解脱出来。才能认识到名利是带不走的身外之物，才能认识到如果沉迷于其中，只能让自己活得很累、很烦。

京台请客

有"欲望"是人的正常心理，因为有"欲望"，人会有各种各样的非分"想法"。这些非分想法从点到面，从小到大，"腐蚀"着人的心理，使人成为"欲望"的俘虏。

欲望分正常的和非正常的两种，正常的有利于人的进步，甚至带有压力的欲望能促进人努力，但是非正常的欲望则要小心了，因为这种欲望带有嫉妒、攀比、不满足等负面因素，而人对待"非正常的欲望"，只有一种选择：战胜它，不被它控制、左右。

春秋战国时代，有一次令尹子佩请楚庄王赴宴。

楚庄王本已答应，但令尹子佩在设宴地点京台等了好久，迟迟不见庄王来。

第二天，子佩专程问庄王，"您为何不来赴宴？"

庄王说："我后来听说你是在京台准备了盛宴。京台向南可以看见荆山，脚下对着方皇之水，左面是长江，右面是淮河。人到了京台会感觉舒适无比，忘乎所以。而我德行浅，操守还须修炼，我怕自己万一到了那地方，沉迷于山川秀美，流连于美味佳肴，会耽误治理国家大事，所以不敢去了。"

这篇故事讲述了庄王面对"欲望"所采取的克制态度。

古往今来，能成大事者，多是理智战胜情感之人。古人曾说："生命是由欲望构成的。"确实，人有"欲望"是再正常不过了。但放纵欲望，"欲望"就会变成"贪欲"，会成为成功路上的绊脚石。楚庄王注意与"欲望"保持距离，最终成了"一飞冲天"的春秋霸王之一。

唐玄宗本是一个有所作为的君王，在他执政前期，国力强大，但他最终却因沉迷于奢靡浮华的"欲望"之中，导致国力下降，"安史之乱"的发生。

所以，给"欲望"加把锁吧。

生活中，给"欲望"上锁的人比较多，但如果人人都给自己的心灵"上把锁"，世界就会清明许多。

一屋不扫，何以扫天下

事实证明，生命中许多看起来是小事的事，其实都蕴含着令人不容忽视的大道理，但很少有人能够从中真正体味。那些认为小事可以忽略或可以置之不理，或草率马虎对待小事的人，做大事时也往往不能善始善终。

人与人的能力没有什么太大的差别，但现实中有人成功，有人失败；有人伟大，有人平庸，从做小事上就能看出来。小事成就大事，细节铸就完美，人于细微处用心，于细微处着力，不对小事敷衍，不对小事"斤斤计较"，往往就开启了"成功"的大门。

有这样一个故事：有一对以捡破烂为生的兄弟，天天都盼着能够发大财，最终，上天因为他俩每一个梦都与发财有关而大受感动，决定给他们一次发财的机会。

一天，兄弟俩照旧从家里出发，沿着街道一起向前捡废品。但这天，偌大的街道仿佛被人来了一次大扫除，连平日里最微小的破破烂烂都不见了踪影，仅剩的就是东一个西一个躺在地上的一寸长的小铁钉。

哥哥看到路上的铁钉，便把它们一个一个地捡了起来。

弟弟却对哥哥的行为不屑一顾，说："三两个小铁钉能值几个钱？"没过多久，哥哥差不多捡到了满满一袋子的铁钉。

看到哥哥的成绩，弟弟好像有所醒悟，也打算学哥哥那样捡一些铁钉，不管多少，最起码也能卖点钱。于是便回头再去找，可等他回头找的时候，来时路上的小铁钉，一个都没有了。

弟弟心想：没关系，反正几个铁钉也卖不了多少钱，哥哥的那一袋，可能连两块钱都卖不到，所以也就不觉得可惜。兄弟两个继续向前走，没多久，兄弟俩几乎同时发现马路边新开了一家收购店，门口挂着一块牌子写道："本店急收旧铁钉，一元一枚。"

弟弟后悔得捶胸顿足。哥哥则用小铁钉换回了一大笔钱。

店主看着发愣的弟弟，问道："孩子，同一条路上，难道你就一个铁钉也没看到？"

弟弟沮丧地说："我看到了啊。可那小铁钉并不起眼，我没想到它竟然这么值钱。"

店主笑了，他对弟弟说："小事是做大事的基础，不要看不起小事。"

生活中，人们往往对自己要做的细微小事不在意，或不屑一顾，或草率做之，或敷衍做之，殊不知，成就大事，需要从身边一点一滴的小事做起。

所谓一屋不扫，何以扫天下，就是让人们注重小事这个道理。更多时，人们要养成将身边小事一点一滴做好的习惯，打下做大事的基础。人只要拿出 100% 的认真对待 1% 的事情，不去计较所做小事情是多么的"微不足道"，就能打好做大事的基础。

互换生活

俗话说，"人生失意无南北"。就像宫殿里会有伤心之事，茅屋里也会有快乐的笑声。

日常生活中，无论是别人展示的，还是我们关注的，大多是风光的一面、得意的一面。于是，站在城里的人，向往城外人；而一旦出了城，就会发现生活其实都是一样的。所以，人根本就没有必要将自己的眼光一直投注到他人的生活上，因为，生活真的是你自己的，过好过坏自己负责。

在一条河的两岸，一边住着百姓，一边住着僧人。百姓们看到僧人们每天无忧无虑，只是诵经撞钟，十分羡慕他们；僧人们看到百姓们每天日出而作、日落而息，也十分向往那样的生活。日子久了，他们都各自在心中渴望着：到对岸去。

一天，百姓们和僧人们达成了协议。于是，百姓们过起了僧人的生活，僧人们过上了百姓的日子。

几个月过去了，成了僧人的百姓们发现，原来僧人的日子并不好过，天天诵经受约束的日子让他们感到无所适从，便又怀念起以前当百姓的自由自在生活来。

成了百姓的僧人们也体会到，他们根本无法忍受世间的种种烦恼、辛劳、困惑，于是也想起做僧人的种种好处。

又过了一段日子，他们各自心中又开始渴望着：到对岸去。终于他们换了回来。

由此可见，人们眼中的他人的快乐，并非真实生活的全部。那些认为自己生活很差的人，实际是他们心灵的空间挤满了太多的"负重"，因而无法欣赏自己真正拥有的东西。

不要去羡慕别人的花园美丽，因为你也有自己的沃土。也许你的花开得不如别人的鲜艳夺目，但你的花仍具有观赏以外的价值。

常算算命运给你的恩典，你就会发现你所拥有的绝对不比身边的人差，而有缺陷的那一部分虽不可爱，却也是你生命的一部分，接受它，善待它，让它同样发挥出最大潜能来。

家家有本难念的经，没有一家家里啥难事没有，所以，不要太去关注他人表面上的现象。也许他人光鲜亮丽的背后有太多你不知道的辛酸。

人坚决不能有攀比心理，每个人都是独特的，都是令他人羡慕的地方，发现自己所长，发挥自己的优势，把自己的日子过好比什么都强。

吃西瓜

不同的人看待事物有不同的见解，只顾眼前利益的人，往往缺少一种对未来的把握与规划能力，其表现过于"重利"，甚至为了小利斤斤计较，急功近利。而懂得舍弃眼前利益的人，会从大局出发，考虑问题全面，其表现具有长远眼光，不轻易被眼前利益诱惑，不迷失自我，这种人最有可能登上人生境界的顶峰，并获得长远的大利。

有个人非常羡慕一位富翁所取得的成就，于是他跑到富翁那里询问他成功的诀窍。

富翁弄清楚了他的来意后，什么也没有说，转身拿来了一只大西瓜。他迷惑不解地看着，只见富翁把西瓜切成了大小不等的3块。

"如果每块西瓜代表一定程度的利益，你会如何选择呢？"富翁一边说，一边把西瓜块放在这人面前。

"当然选最大的那块！"这人毫不犹豫地回答，眼睛盯着最大的那块。

富翁笑了笑："那好，请用吧！"

富翁把最大的那块西瓜递给他，自己却吃起了最小的那块。当这人还在享用最大的那一块的时候，富翁已经吃完了最小的那一块。接着，富翁得意地拿起剩下的一块，还故意在这人眼前晃了晃，大口吃了起来。

其实，那块最小的和最后一块加起来要比青年手拿的最大的那一块大很多。

这人马上就明白了富翁的意思：富翁吃的瓜表面看虽没自己的大，却比自己吃得多。如果每块西瓜代表一定程度的利益，那么富翁赢得的利益自然比自己的利益要多。

吃完西瓜，富翁讲述了自己的成功经历。最后，他语重心长地对这人说道："要想成功就要学会放弃，只有放弃眼前小的利益，才能获得长远大利，这是我的成功之道。"

"利益"就像一块蛋糕，无时无刻不吸引着路过者的眼球。但如何取得最大利益也是有智慧的。有时的舍小利益会得到更大的利益，有时的"放手"能收到更大的益处，人千万不去做捡芝麻丢西瓜的事。

第二章
只有"心"不会嫌弃你

人的心永远和人在一起，所以，心安人就安。人的心灵不失衡，时时保持平稳，人就不会被各种利益所诱惑。

只有"心"不会嫌弃你

人的心灵是自己思想的港湾。当思想疲惫了，当思想枯竭了，躲进心灵中修整一番，重新补充能量，就可以日后再战。所以，好好守护自己的心灵，因为那是自己生命中最后的一道"防线"。还有，我们一定要爱护自己的心，不要让自己的心受伤害。

从前有个财主娶了 5 个老婆。

大老婆很美丽，整天像影子一样跟着财主，财主也喜欢大老婆。

二老婆更是美丽动人，是财主想尽办法，花了许多银两买来的。所以，财主也很爱二老婆。

三老婆姿色一般，是财主父母给他订的"娃娃亲"，如果不是父母逼财主娶，财主才不娶她呢。但这个三老婆娶进门后，却不像前两个老婆，她只知道干活，并且别人不愿干的她都干，她也不要财富，对吃亏等事没有怨言。

四老婆娶进来后，总是在自己的屋子里待着不出门，财主心烦了，遇到难事了，才想起她，于是跑到她屋里和她说，她只听不说，有时财主都快忘了她了。

五老婆是个泼辣的人，整天问财主在干什么，挣了多少钱，她应该拿多少，对财主和其他老婆在一起很生气，经常怨天怨地，说生活

对她不公平。财主拿这个老婆没办法，说也不行，不说也不行，有时直后悔娶了这个老婆。

有一天财主要出远门，到一个很贫困的地方，财主便对五个老婆说："你们谁愿意陪我去一趟？"

大老婆说："我可不去，我这么漂亮，去那么贫困的地方，太吃苦了。"

二老婆说："当初是你买我的，我也不去。"

三老婆说："我打理家中内外一切，我送你吧。"

四老婆说："我和你去吧。"

五老婆说："我可以去，但你要替我把这一路上的东西准备好，别让我吃苦，如果有人陪你，我可以不去，不过记着回来报账，还要说清楚一路上的事情。"

财主大吃一惊，他没想到和自己去的竟然是四老婆。

这个故事实际上是人性史上一个很著名的故事。

财主指的是我们自身，大老婆指的是我们的名声，即一个人有了成就后，要谨防各种炫目的"高帽"戴到你头上。因为名声就像高高悬挂的红灯笼，天晴时光彩耀人，一旦阴天雨雪，这些红灯笼立刻失去光彩。

第二个老婆指的是财富，财富的获得过程是十分艰辛而漫长的，但财富是没有情感的事物，财富生不带来，死不带去，财富与人无法同甘苦共患难。

第三个老婆指的是你的亲朋好友。无论亲朋还是好友，能帮忙都帮助，但不能帮忙时，也就不会帮忙。因此，你虽然选择了他们，但他们未必会选择你。

第四个老婆指的是你的心。人的一生，无论贫穷富贵，无论地位卑微或高贵，只有自己的心永远和自己在一起。心不会嫌弃你，也不会抛弃你，心会不离不弃地陪伴着你。所以财主的四老婆愿和财主去。

第五个老婆指的是他真正的老婆。这个老婆是活生生的人，有血有肉，能体现出人性的弱点，她爱讲条件，爱唠叨，想拥有你，却不知如何适应你，这在许多家庭中非常常见。她想和你一起去，表明夫妻同心；不去，表明夫妻没有达到同心状态。有句古话："夫妻本是同林鸟，大难来临各自飞"，这句话虽有些绝对，但现实生活中，这种夫妻也确实存在。

这个故事还说明人要在美色、财富、名声中保持清醒头脑，要时刻观省自心，因为只有"心"是自己的，其余的都属于他物、外物。人要时刻坚定、坚守自己的"心"，不要让"心"蒙上"利"的污尘，不让外物左右自己的"心"，更不能让心受伤害。

一个人丢了"心"，就丢了一切。

世间距离最远的是心的交流，距离最近的也是心与心的相处。人与人的心如果能坦诚相见，并且设身处地、换位思考他人感受，不人为地自我设限，就能成为朋友、知己。但人的心也是脆弱的、敏感的、易受伤的。当他人与你交往时，如果受到你的冷遇或不经意地拒绝时，往往自己也会主动地躲避或退却，这实际上都是心的躲避。

所以有人说，世界上最远的距离是人心，最近的距离也是人心。一个微笑，一个友好的眼神，是心的快乐。让心高兴，有时胜过千言万语，心让人迅速拉近与外人的距离。

打赌输赢

很多时候，世间输赢并不是那么重要，谁输谁赢，只是输赢双方的"面子"问题而已，不必太在意。有些人把输赢看的比天还大，绝不允许自己输，让自己永远处在"一级战备"中，像一只斗架的公鸡。还有些人，赢了不可一世，输了就觉得没面子，甚至从此一蹶不振，输不起。

人不可贪图一时之胜、一刻之赢，因为山外有山，楼外有楼；人也不可为一次两次的输了，就不再与他人比试。谁为输家，谁为赢家，看表象只是一方面，往往输赢"最后"见分晓，因为智慧的人比比皆是。

输赢中一方的退让也并非是懦弱的表现，而是一种谦虚的美德，是一种我为人人的精神。所谓处世退一步为高，退步即进步的张本；待人宽一分是福，实利人利己的根基，即是古人对输赢最好的注解。

一个壮汉手里握着一条鱼走，路上碰见一个老者，壮汉说道："我们打个赌，您说我手中的这条鱼是死的还是活的？"

老者清楚，如果他说鱼是死的，壮汉肯定会松开手；而如果他说鱼是活的，那壮汉一定会暗中使劲把鱼捏死。

老者想了想说："鱼是死的。"

壮汉马上把手松开，笑道："哈哈，您输了，您看这鱼是活的。"

老者淡淡一笑，说道："是的，我输了。"

故事中老者表面上是输了，但是他却赢得了鱼的暂时生命；壮汉表面上胜了老者，但也只是一种表象；因为老者以其智慧取得暂时救鱼的胜利，这是事实。表面上壮汉胜了，实际上却输了；表面上老者输了，却实实在在胜了！

有智慧有内敛的人，大多有着一种理智上的成熟，性格上的超然淡定。而那些带着"武器"上阵的人，重要的是把自己的"心"也变成了武器。这种人自认为是生活中的强者，实际上强而不强，强的只是表面上的"强势"，或者"强势"在武器上，或者"强势"在自身力量上，内心实则虚弱。

天堂地狱一念间

人生没有绝对的输与赢，天堂地狱也在人的一念间。

与人相处，张扬跋扈，得意忘形，事事夺胜，不仅会引起人际关系的紧张和麻烦，自己也不愉快，心态更是整日处于焦虑烦闷之中，这实际上就是进入了"地狱"。而平和待人，善良对事，遇事谦让，对人彬彬有礼，心态总是处于淡定、从容之中，不仅不会失去自己的尊严，还会得到他人的敬重，这实际上就是人生的赢家，就是进入了"天堂"。

日本有个著名的故事：

一天，一个武士遇见白隐禅师，拦住白隐提出问题。

武士问："天堂和地狱有什么区别？"

白隐反问："你是何人？"

武士答："我是一名武士。"

白隐听后笑道："就凭你这鲁莽之人也配向我提问。"

武士听话勃然大怒，随手抽出佩剑，朝白隐砍去："看我杀了你！"

眼看佩剑就要落在白隐头上，白隐不慌不忙轻声说道："此乃地狱。"

武士猛然一惊，然后若有所悟，连忙丢弃佩剑，双手合十："多谢禅师指点，请原谅我刚才的鲁莽。"

白隐微微说道："此乃天堂。"

古代智者说：人与人之间最好不要发生正面冲突。获胜之道，就是避免冲突争执。争强好胜，虽偶尔能取胜，但不是真正的"胜"，就算是真正"胜"了，实际上还是"输"了，因为你是"拿来"、"夺来"的"胜"，而不是让人心服口服、心悦诚服的"胜"，被你胜的人并不会真心服你，可能还会与你结下仇恨，伺机报复你。

社会的快速发展，人们的生活节奏也在不断加快，人的压力更是在不断增大。争吵、纷争、冲突成为常见现象。

很多人不顾大局，不识大体，事事寸土必争，锱铢必较，你给我"当头炮"，我给你"马儿跳"，结果造成两败俱伤。

还有人认为反正我有本事、有能耐，你不服就试试，看"谁能扳倒谁"，借以显示自己的能力或力量。

《菜根谭》中有段话这样说道："人情反覆，世路崎岖。行不去处，须知退一步之法；行得去处，务加让三分之功。为人处世，必须学会谦让。"谦恭礼让是我国传统待人待事的法则，人们大都认为谦恭礼让是君子风范，争名争利则是常人所为。中国的传统文化提倡文明、礼貌、宽容，因而在"战争"中喊"停"的人不代表"认输"，而是真君子，拥有一种"海纳百川、有容乃大"的宽广心态。

1000 根琴弦

人的命运掌握在自己手里。而生活的顺与不顺，都是你"过"出来的。因而，当你身处逆境时，千万不要泄气，不要绝望，要告诉自己，赶快振作起来，努力起来，这样逆境才会很快过去的。

人的许多条件在客观上是不能改变的，上天在"发牌"时有人拿到的是一手"不错的牌"，有人拿到的是一手"一般的牌"，还有人拿到的就是一手糟糕得不能再糟糕的"烂牌"。然而生活要求每个人都必须"出牌"，就是手中拿到"烂牌"的人，也不能"扔牌"，必须"出牌"，因此，人除了努力"打好牌"外，没有别的选择，这个时候是区别强者与弱者的最好试金石，弱者"随便出牌"，强者"努力组合手中的牌，争取打出最好的组合拳来"。

从前，有一老一小两个相依为命的瞎子，每日里靠弹琴卖艺维持生活。

一天，老瞎子终于支撑不住病倒了。他自知不久将离开人世，便把小瞎子叫到床头，紧紧拉着小瞎子的手，吃力地说："孩子，我这里有个秘方，这个秘方可以使你重见光明。我把它放在琴盒里面了，但你千万要记住，你必须在弹断 1000 根琴弦的时候才能把它取出来，否则，你是不会重见光明的。"小瞎子流着眼泪答应了师父。

一天又一天，一年又一年，小瞎子将师父临终的话铭记在心，不停地弹啊弹，将一根根弹断的琴弦收藏着。当他弹断1000根琴弦的时候，当年那个少年小瞎子也已到了垂暮之年，变成一位饱经沧桑的老者。当他按捺不住内心的喜悦，双手颤抖着，慢慢地打开琴盒，取出秘方时，他已经开始想象自己看见了光明。

然而，别人告诉他，那是一张白纸，上面什么都没有。小瞎子想了很久，终于泪水滴落在纸上，他笑了。

很显然，老瞎子骗了小瞎子。但这位过去的小瞎子如今的老瞎子，拿着一张什么都没有的白纸，为什么反倒笑了？因为他明白了"秘方"里藏着的师父的用心：在希望中活着，就会看到光明。

人在身处逆境时，是坐以待毙，还是奋发向上？是怨天尤人，还是改变自己？这些选择十分关键。

人是环境的产物，顺境中的人往往得意张扬、意气风发，做事顺风顺水；而处于逆境中的人，却会表现出意志消沉、自卑慎言，做事磕磕绊绊，总觉不顺手。因此，身处逆境中的人，聪明的做法，就是停止对逆境的抱怨，赶快调整心态，积极做事，奋发向上，不灰心，不自暴自弃，努力改变自己的"坏境遇"，闯出尽可能明媚的一片天空。

现实生活中，很多人在抱怨琐碎的生活中看不到希望，这是因为他们的心看不到希望。其实，人无论身处多么艰难的环境中，只要心怀希望，前方就会一片光明，希望也会一直在身上。

为自己而活

在生活中，为自己而活非常重要。什么叫为自己而活呢？

不人云亦云，更不随波逐流，不攀比，不羡慕他人，过自己的生活，坚持做自己认为对的事。

生活中，我们做的很多事会很难让周围的人感到满意，而周围的人看待问题也都是从自己的角度出发，都带有自我主观思想，即使是对同一事情，每个人也有每个人不同的看法。就此如下面这个故事。

一个农夫和他的儿子，赶着一头驴到镇上的市集去卖。没走多远就看见一群姑娘在路边谈笑。

一个姑娘大声说："嘿，快瞧，你们见过这种傻子吗？有驴不骑，宁愿自己走路。"农夫听到这话，立刻让儿子骑上驴，自己高兴地在后面跟着走。

不久，他们碰见一个老头，老头看见他们，指着父亲说："哎，你岁数这么大，不骑驴，让小小的孩子自己骑着驴，你太宠孩子啦，以后他还能孝顺你吗？"农夫听见这话，连忙叫儿子下来，自己骑上去。

没过多久，他们又遇上一群妇女，妇女们七嘴八舌地喊着："嘿，你这个狠心的人！怎么能自己骑着驴，让可怜的孩子跟着走呢？"农夫立刻叫儿子上来，和他一同骑在驴的背上。

快到镇上时，一个镇上人大叫道："哟，瞧这个驴多惨啊，竟然驮着两个人，它是你们自己的驴吗？"

另一个人插嘴说："谁能想到你们这么骑驴，依我看，不如你们两个驮着驴走吧。"农夫和儿子急忙跳下来，他们用绳子捆住驴的腿，找了一根棍子把驴抬了起来。

他们费力地把驴抬过市集入口的小桥时，又引起了桥头上一群人的哄笑。"抬驴？真没见过。"

驴子受了惊吓，挣脱了捆绑，撒腿就跑，不想却失足落入河中。农夫既恼怒又羞愧，带着孩子空手而归了。

故事中的农夫是典型的没有主意的人。人活着是为了自己，不是为了他人。

很多人非常在意他人的看法，这实在没有必要。一个人如果没有自己的主见，生活易被他人控制，这样就会失去了自我。

事实证明：想要让每个人都说我们好是不现实的，也是没有必要的。与其把精力花在取悦他人，或者是无条件地顺从别人，还不如把精力放在踏踏实实过自己的生活上。

太在乎别人的评价，自己的人生会很累，会苦不堪言；别人的看法，可以作为参考；而他人不公正的评论，不要把它放在心上，因为他人的意见与建议是从他人自身角度出发做出的，他人无法做到设身处地为你着想，一个人如果不坚定自己的想法，不仅没有自己的主见，还会影响自己的心情。

人生百味要靠自己品尝，千万不要因为别人的看法，或失去自我或耿耿于怀，人一定要按照自己的意愿去生活。

走自己的路，做好自己，活出自己生命的精彩。

卖肉

私心杂念是一个人战胜自我最应克服的心理障碍，私心杂念太多，人的能力往往发挥不出来；而心底无私，做人不仅轻松，做事也会容易做好。

有一个卖肉的人，卖了几十年的肉，练就了"一刀准"的绝技。比如有顾客说切三斤好肉，他点点头，二话不说，手起刀落，往秤一扔，正好。有些第一次买肉的人不信，常常有零有整的买肉，但每次卖肉人卖的肉都很准。于是人送绰号：一刀准。

一次，当地举办了一场绝技挑战比赛。有人对他说："你那'一刀准'也是绝技，如果你参加比赛，准能捧着大奖回来。"卖肉的人动心了，真的去报了名。

比赛的时候，赛方要求他切4斤3两肉，一两不能多，一两不能少。他小心翼翼地拿起了刀，但却迟疑着不敢下手，额上还渗出了细细的汗珠。过了好一会儿，在围观的人们一再催促下，他才咬咬牙，一刀切了下去。结果一称，整整多出了3两多。

几十年的功力，为什么会一朝失灵？

很显然，卖肉人过于看重奖项了，于是失去了内心的平静，从而使他难以发挥出自己真正的水平。

"身怀绝技"是指一个人苦练某项技术后会在某个方面获得的成就。故事中的卖肉人可以说是身怀绝技，但为什么在比赛时却发挥不出其原有的水平呢，这是因为他心态出了问题。

一个人要能做到"身在局中，心在局外"，那就是能干大事的人。反之，"心在局中，身在局外"，做事就不能做好，因为私心杂念太多，阻碍了做事的行为。

世间诱惑往往是难以抗拒的，面对诱惑，有的人会做出惊人的伟业，有的人会成为诱惑的"俘虏"，有的人会守不住自己的精神底线，有的人会跌进"诱惑"的深渊中，有的人"跌跤"后悟得懂得了生活真谛，有的人则一辈子过得"风雨飘摇"。

人一辈子都在忙些什么呢？富贵名利，容易使人动心，人动心了，便容易全力去追逐它们，那时由于保持不了内心平静，做事成与败就好像天晴和下雨，不由自身控制的，成了，幸运成分较大，败了，也属正常现象。还有些人，即使平日不失手，由于心中杂念太多，关键时刻心中也会失去平衡，到时即使绝技压身也发挥不出来，就像上面故事中的那个卖肉人。

成功者，多是能够把控自己情绪的人，能够坚持自我，不受周边"诱惑"、专心专注做事的人。

一分耕耘，一分收获

万丈高楼平地起，万里征程一步始。

人活一世，所需所用，不可能从天而降，不可能坐等他人给予，所需所用的一切都需要靠自己勤劳双手创造。因为勤劳致富。

一个人每天都在地里劳动，觉得非常辛苦，常抱怨上天不公。有一天，他突发奇想："与其每天辛苦劳动，不如向神灵祈祷，请他赐给我财富，供我今生享受。"

他深为自己的想法得意，于是把弟弟喊来，吩咐他到田里耕作谋生，自己独自来到庙里，不分昼夜地膜拜，还毕恭毕敬地祈祷："神啊！请您赐给我财富吧！"

神听见这个人的愿望，暗自思忖："这个人，自己不劳动，却想谋求巨大的财富。不妨用些方法，让他死了这条心吧。"

于是，神变做他的弟弟，跪在他旁边跟他一样的祈祷求福。这个人看见"弟弟"来了，不禁问他："你来这儿干嘛？我让你去劳动，你劳动了吗？"

"弟弟"说："劳动太辛苦了，我也来求神赐我财富。"

这人一听"弟弟"的话，立即说道："你不劳动，想等着收获，实在是异想天开。"

"弟弟"听见哥哥说他，故意问："你说什么？"

这人气愤地说："我再说给你听：不播种哪能得到果实！你真是太傻了！"

这时"弟弟"现出原形，对这个人说："你这样明白，为什么来这求神。世间就像你自己所说，不播种就没有果实。生活中你付出什么，才能得到什么，你播种什么，才能收获什么，靠神仙赐予那是不可能的。"

是的，世界上没有神仙，也没有救世主，世上什么事情都可能发生，就是不会发生不劳而获的事。人一分耕耘，一分收获。相反，没有付出，就没有回报。人只有辛勤劳动的背后，才能有丰收的喜悦。

紫砂壶

器皿本来是让人使用的，但是一旦附加上价值，往往就会让人忘记了它原有的功能，使之带上了"利益的花环"，这时人往往为物所役。其实，还其本来面目，物还是物，尽其所用就可以了。

有一个人酷爱紫砂壶，收集了很多个紫砂壶，只要听说哪里有好壶，不管路途多远一定要亲自前往鉴赏或买来收藏。在他所收集的紫砂壶中，他最中意的是一只龙头壶。

一日，一个久未见面的好友前来拜访，于是作为主人的他拿出这只紫砂壶泡茶招待朋友。二人开心地畅谈着，朋友对这只紫砂壶所泡出的茶赞不绝口，因为好奇将它拿起来把玩，结果一不小心将它掉落到地上，紫砂壶应声破裂，房间顿时陷入一片寂静，两个人都为这把巧夺天工的紫砂壶惋惜不已，而客人更是连声说着自责的话。

主人制止了客人歉疚的话，笑着站了起来，收拾碎片，然后拿出另一只紫砂壶继续泡茶说笑，好像什么事也没发生过一样。

送走客人后，家人问他："你最钟爱的一只紫砂壶被人打破了，难道你不难过、不觉得惋惜吗？"

这个人说："事实已经造成，难过又有什么用呢？再说器皿都是为人服务的。世间人才是最宝贵的，其他事物都是人为给它加上了价值的光环。既然事情已经发生，无可挽回，就不必再去想，而去懊悔，除了徒增烦恼外没有任何益处，倒不如"放下"不存在的，去寻找更好的。"

这个人很好地诠释了人与物的区别，是的，人的生命是最宝贵的，其他的任何事物都没有生命珍贵。

世上没有绝对的"得与失"，"得"之泰然，"失"之淡然。要相信，失去一样东西，也许会有另一样更适合的东西等着你去发现、拥有。

拿自己的报酬

追求"公平"是人的一种理想，但无论社会进步到什么程度，都不会出现理想化的"公平"。过于执着追求"公平"，只会让自己承受巨大的压力；过于苛求得到"公平"，更会让自己自寻烦恼。其实，当"不公平"出现时，换一个角度去想，也许就释然了。就像我们不能因为月缺的出现，就说月亮不是圆的，也不能因为日食出现，就说太阳不是永恒的，人多想想"不公平"心理就平衡了。

早晨5点，一个人出去为自己家中的种植园雇用工人。一个小伙子争着跑了过来。这个人与小伙子议定一天工钱十元，就派小伙子干活去了。

7点的时候，这个人出去雇了个中年男人，并对他说："一天我给你十元钱。"中年男人干活去了。

9点和11点的时候，这个人又以同样价钱雇来了一个年轻妇女和一个中年妇女，仍到种植园工作。

下午3点的时候，这个人又出去了，看见一个老头站在街边，就对老头说："为什么你站在这里？"

老头说："因为没有人雇我。"

这个人说："你也到我的种植园里去工作吧！我给你十元钱。"

晚上，这人对他儿子说："你叫所有的雇工来，我给他们发工资，由最后来的人开始，再到最先的。"

老头首先领了十元钱。紧接着中年妇女、年轻妇女、中年男子都领了十元钱。

最先被雇的小伙子看到此种情景后，心想：老头下午才来，都挣十元钱，我起码能挣四十元钱。可是，轮到他的时候，仍是十元钱。

小伙子立即抱怨起来，说："最后雇的老头，不过工作了一个时辰，而你竟把他与干了整整一天的我同等看待，这公平吗？"

这个人说："小伙子，我并没有亏待你，事先我不是和你说好了干一天拿十元钱吗？拿你的钱走吧！我愿意给这最后来的和给你的一样。难道你不许我拿自己的钱，以我所愿意的方式做事吗？或是因为我对别人好，你就心中不平吗？"

小伙子愤愤不平拿着十元钱嘟嘟囔囔走了出去。

人希望攀比带来"公平"，这是不可能的。因为世界上只有相对的"公平"，没有绝对的"公平"。

生活中不是付出就一定会有回报的，生活中确实常常存在明显的"不公平"。有时不光你觉得生活对你"不公平"，可能周围人也觉得生活对你"不公平"。但越是这样，你越不可冲动、莽撞，更不能耿耿于怀，忧心忡忡，并为此失去理智。

牢记：得"该得的"，"不该得的"不争；"当得的"没得，不急不恼；得"不该得的"，"得"也不要。这样才能活得轻松，活得自在。

我们还要记住，过去了的事不去后悔，眼前的事不去攀比，踏踏

实实地做好现在的事，做好自己应该做的事，拿自己应该得到的酬劳，不去在意别人得到多少，更不眼红他人的财富。

公平不公平，不是当事者说了算，同样，合理不合理，也不由当事者来评判。

吃亏不一定是坏事，"不公平"也不一定没有发展的转机。人不要为吃亏而抱怨，为"不公平"而抱怨，否则，生活就会有太多的烦恼。

心中的"秤"

有人说：这个世界上最不准的就是人心中的"秤"，心中的"秤"虽看不见，却时时起着作用，尤其是称量自己的得失。

现实中的"秤"少了颗砝码，不是主要问题，抓紧买来补齐就是了，可是人心灵的"秤"，如果缺了砝码，却不是用钱就可以立刻买来的。人要让心灵的"秤"不失衡，保持公正，也许需要一生不停地校正和修炼。

西方有个很著名的故事：

一位面包师傅常到隔壁农场买牛油。面包师傅发现每购回15公斤重的牛油块，对方都短斤少两。一开始，面包师傅不说什么，但问题一再出现。他终于忍无可忍了，将农场主揪去见法官。

法官问农场主："您没有磅秤吗？"

农场主看起来很镇定："有的，但我少了几颗砝码，重量不齐。"

"那您又如何能称出牛油块的重量呢？只是凭感觉估计吗？"

"实话跟您说吧，法官，我的磅秤根本不需要砝码。"

"这怎么可能？"

"事情是这样的，当面包师傅到我农场买牛油，我也决定采购他的面包。而且，每次就用他送来的15公斤面包当作砝码，称出等重的牛油回卖给他。如果他不服，认为我欺诈，这不是我的错，是他的错。"

引起这场诉讼官司的根源找到了，问题出在原告面包师傅身上，是他一次又一次在售出的面包上做手脚，短斤少两，才导致了农场主卖的牛油也短斤少两，结果原告反成了被告。

人的心就是一杆秤，人要做有良心的事，不能做缺了德的事。在现实生活中，人人都不希望"吃亏"，可是，有一些人在希望自己不吃亏的同时，却从不想一想自己是否让别人得到"公平"的待遇。

你怎样对待别人，别人就会怎样对待你。

满招损，谦受益

俗话说：水满则溢，月满则亏。一个骄傲自满、狂妄自大的人，如果总认为老子天下第一，就如同那井底之蛙，看到的只是头顶上的那片天。"

满招损，谦受益"。做人一定要谦虚谨慎，戒骄戒躁，不自满，不自夸，不故步自封、不自以为是。

春秋时期，秦国有一位学识非常渊博的老者。一天，他正在和弟子们聊天，过来一位衣着华丽的富家公子，富家公子趾高气扬地向在场的所有人炫耀，他家土地有多么多么大，他家房屋有多么多么多。

富家公子说得唾沫横飞，滔滔不绝，眼中流露出无比的自豪和兴奋。正在他没完没了吹嘘的时候，坐在一旁一直默默聆听的老者拿出了一张包括了诸多国家在内的地图给他看，对他说："麻烦你指给我看看，秦国在哪里？"

"这一大片全是啊！"富家公子指着地图洋洋得意的回答。

"很好！那么，首都在哪里？"老者又问他。

富家公子挪着手指终于在地图上把首都找了出来，但很显然，和整个国家相比，太小了。

"你所说的你家那么多土地、房屋在哪儿？"老者接着问。

"好像是在这儿。"富家公子指着地图上的一个小点说。

老者看着他点头，又说："请你再指给我看看，你家具体在哪里？"

富家公子急得满头大汗，他当然是找不到的。终于他垂头丧气很尴尬地回答道："对不起，我找不到。"

老者笑着说："大与小、多与少都是相对的，而表现形式也是一个人所感观的标准。"

富家公子低下了头，他真心认识到了自己夸夸其谈后面的浅薄。

浅薄相对应的是自知之明。自知之明是建立在具有谦恭的良好品质之上的。如果认为自己取得了成功，就觉得全天下的人都在你的脚下，那不是真正的自知，那是盲目的自大。这种自大往往让人丧失理智头脑，看不清是非原则，不知道山外有山，人外有人。

"鼓空声高，人狂自大。"骄傲自大的人永远不会进步。骄傲自大是一个人对自己在某个领域取得成就的肯定，是对自己拥有成绩的认知。人拥有小小的骄傲是正常的，但过于自大、自满就会给人带来无穷的害处，最危险的后果就是让人变得盲目、无知，引发虚荣心。

山不自言高，地不自言厚。"人贵有自知之明"。一个人应该谦虚谨慎，时刻自省。

盲人提灯

与人方便，与己方便。人生旅途中，帮人就是帮己。

为难的事、困难的事，有大有小，每个人都会遇到，但如果你有能力，有爱心，就尽可能去帮助那些需要帮助的人吧。帮助他人，不一定要在大事上，平常的小事，也一样能体现帮助的意义。

古时候，有一个人夜晚行路，由于道路漆黑，三次与路人相撞。他后悔自己忘了提灯，只能加倍小心地走路。走了一段后，他看见有人提着灯笼向他走过来，旁边有路人说："太好了，瞎子又提灯出来了。"

瞎子提灯，这个人头一次听说，有点疑惑。瞎子明明什么都看不见，为什么还提着灯出门呢？

等那个提灯的人走过来的时候，这个人拍拍那人肩膀，问道："你真的是盲人吗？"

那个人说："是的，我从生下来就没有见到过一丝光亮，对我来说白天和黑夜是一样的，我甚至不知道灯光是什么样的！"

这人更迷惑了，问道："既然这样你为什么还要打灯笼呢？是为了不让人知道你是盲人吗？"

盲人说："不是的，我听别人说，到了晚上，人们都变成了和我一样的'盲人'。因为夜晚没有灯光，所以只要晚上出来我就提灯。"

这人感叹道："你的心地真好呀！原来你是为了别人！"

盲人回答说："不是，我为的是自己！"

这人又困惑了，问道："怎么是为你自己呢？"

盲人答道："你刚才过来有没有被人碰撞过？"

这人说："有呀，就在刚才，我被两个人不留心碰到了，我也有一次撞了别人。"

盲人说："我是盲人，什么也看不见，但我夜晚行路从来没有被人碰撞过。因为我的灯既为别人照了亮，也让别人看到了我，这样，人家就不会因为看不见我而碰撞我了。"

这人听后，大加赞赏盲人的做法。盲人本可以夜晚不用提灯，但他不仅提了灯，还说了这样一番有哲理的话，即你为他人着想，他人也会为你着想。

很多人在他人一帆风顺时愿意做"锦上添花"之事，但当他人处于困境时则不愿施于援手或做雪中送炭之事，一方面认为自己精力不够，另一方面认为自己能力有限，总之找出种种借口为自己开脱。其实，有时对他人的帮助，并不需要付出太多，也许就是几句话，也许就是一种小行为，人只要真诚地关怀、关爱、关心他人，他人一定会感知，而当他有能力时，也一定会回报于你，这是让世界和谐的一大秘诀。

当然，为他人做好事，不是你必须尽的义务和责任，但如果你做多了这样的事，受益者会发自内心地感谢你、敬重你，同时你也会很快乐，并增强了自信，增加了自己和他人的幸福指数。

晴天、雨天

人的心态积极与消极、乐观与悲观，不取决于客观原因，取决于自身原因。很多时候、很多事情，只要跳出固有思维的定式，换个角度来看，就会感觉峰回路转、豁然开朗！

人的一生，受心理影响很大，积极乐观的人，即使遇到再大的困难，也会笑对生活；而消极悲观的人，即使生活平稳，也会感觉不踏实，不满意。

有个老太太生了两个女儿，大女儿嫁给了一个卖伞的生意人，二女儿一家开了染坊。

老太太天天忧愁，她着急啊：天晴了，担心大女儿家的伞卖不出去；天阴了，又担心二女儿家染坊里的布晾不干。所以，不管晴天、雨天，对老太太来说都是个忧愁的日子。

后来，老太太对一位邻居说了自己的烦恼。邻居是位生性豁达的老头，看到老太太为此一筹莫展，就劝她说："你应该天天高兴才对，你想啊，雨天你大女儿家的伞好卖，你高兴吧？晴天你二女儿家染坊生意好，你也该高兴吧？对你来说，天天都是好日子啊，你老真有福气啊！"

老太太一想，还真是那么回事，从此，不管雨天、晴天，她天天笑口常开。

积极地看待事物，会使自己产生强烈的乐观心态；消极地看待事物，往往未见结果，就一味指责事物或指责他人。

其实，一个人对事物及他人的看法没有绝对的对错之分，每个人角度不同，看待事物及下的结论也就不同，尤其是具有积极心态与消极心态时。而每个人都必定要为自己的看法承担最后的结果。因此，无论做什么事情，人都要保持积极乐观的心态，能正确看待问题中存在的正负面因素，反之，就会看问题片面。

人的态度决定思想高度。

积极、乐观、向上的心态，是心胸豁达的表现，是心理健康的体现，是人际和谐交往的基础，是人与人合作愉快的前提，是避免挫折困难的法宝，是应对压力的最佳手段。当然，凡事都具两面性，有积极心态就有消极心态，但我们提倡积极的心态，因为，积极心态、乐观心态与消极心态、悲观心态看事物会截然不同。人的一生消极心态、悲观心态都会产生，但遇此要尽快摆脱这两种心态，并让积极心态、乐观心态常驻心间，这样才能生活愉快，与人和谐共处。

倒水

古人说：木秀于林，风必摧之，堆出于岸，流必湍之，人高于众，众必非之。

在人际关系中，谦虚使人进步，骄傲使人落后，这是永远的真理。人学会谦虚，就能立于不败之地；人学会谦虚，就是学会了以不变应万变的智谋。

有一个年轻人，很聪明，他四周的人常常夸他，于是他不知不觉开始狂妄自大起来，似乎觉得自己是全世界最聪明的人。

有一次，他听说镇上来了一位老人，这个老人比他还要聪明睿智，他开始有些不服气，特意在某一天找了时间去拜访这位老人。他来到老人住的地方，老人正坐着喝茶。他的位置前有一个座位，座位旁放着一个杯子，似乎知道今天有人要来。老人看到年轻人，随即向他打招呼，并请他坐下。

年轻人坐下后，老人开始给他倒水，年轻人则小心翼翼地一直留意着老人的一举一动。不一会儿，年轻人觉得似乎有什么东西从桌子上流了下来，仔细一看，原来是杯子里的水，已经满溢出来了，可这个老人好像没发现一样，还在往杯子里倒水。

年轻人提醒了老人，并阻止了老人这一在他看起来似乎很愚昧的举动。

老人停止了倒水动作，看着面前的年轻人，温和地对他说："你看，杯子里的这个水我刚刚倒满了，再想要往里面倒的时候却怎么也倒不进去了，唉，真可惜。"

年轻人一听很纳闷，觉得这个老人思维有问题。老人似乎也看出了年轻人的心事，仔细地凝视他，认真而真诚地对他说："年轻人啊，你现在就像这杯水，当你自满的时候已经再也装不进什么东西去了。也许你在某些方面比别人更聪明，在某些方面比别人更出色，但有时候这些优势可能会误导你，以致让你在其他方面愚昧。因为聪明也会被聪明误啊。"

现在许多年轻人对自己估计过高，以致忽略了对他人应有的尊敬、尊重。他们自认为有些本领，总认为高他人一等，事事比他人强，于是固执己见、夸夸其谈、骄傲自大、锋芒毕露、刚愎自用等种种现象就表露出来。

人需要自信，但自信不是盲目自大、自傲、自以为是，尤其是过度自信往往会形成妄自尊大、自不量力的习气，长此以往，就会放任自己，最终走向自毁前程之路。

大千世界，奥妙无穷，而人的能力十分有限。因此，保持谦虚谨慎，戒骄戒傲的品德非常重要。每个人都不应轻视他人，鄙视他人，因为人各有所长，各有所短，只有取他人之长，才能补自己之短；只有人与人团结起来，才能做大事。

人外有人，天外有天，过度自以为是，就好比逆水行舟，不进则退。对此，我们不可掉以轻心。

捡一片最美的树叶

追求完美，是人类自身在渐渐成长过程中的一种心理特点，或者说是一种天性。一个人如果只满足于现状，而失去了对完美的追求，那么人类今天大概只能在森林中爬行。

人对事物总爱追求尽善尽美，愿意付出很大的精力去把它做到天衣无缝、完美无瑕的地步。追求完美是人类的一种积极的态度，但行事如果过分追求完美，结局又达不到完美，人的心理必然会产生落差。

一位老和尚为了选拔理想的传人而想了一道"考题"。

老和尚对两个最得意的门徒说："你们出去各自给我捡一片你们最满意的树叶回来。"两个门徒领命而去。

时间不久，胖门徒回来了，递给师父一片并不漂亮的树叶，对师父说："这片树叶虽然并不漂亮，也不完美，但它是我看到的最好的树叶。"

瘦门徒在外面转了半天，最终却空手而归，他对师父说："我见到了很多很多的树叶，但怎么也挑不出一片最完美的，因而没有一片是我最满意的。"

那么这道题的结果是怎样的呢？

胖门徒成了老和尚的传人，因为他懂得世上本无完美之事的道理。

　　"捡一片最完美的树叶"，话是如此说，但完美却是相对而言。

　　很多时候，人们的初衷是美好的，但是做着做着会发现做得不完美，于是为了做完美绞尽脑汁，不切实际地一味干下去，吃了很多苦头，仍觉得不完美。就如拾一片最完美的树叶一般，直到有一天，你才会明白为寻找完美的树叶而失去许多机会是多么的得不偿失。况且，人生中完美的"树叶"又有多少呢？先不说个人的眼光不一样，就是定义"完美"这个词众人也是千人千语啊。

　　完美是人生需要的，但得到完美是很难的，因为不完美经常出现。

　　尽可能将事做完美，"不完美"也不要抱怨、难过，因为，世界上的"完美"、"不完美"都是相对的。

放弃不是失去

在漫漫人生长路上，人会面临很多选择，有选择就有放弃。选择什么，放弃什么，这是一门学问。

一个人正确地选择，会少走许多弯路，少触许多"雷区"；而正确地放弃，不仅仅是放弃，还是真正把握住了再次选择的机遇。

老鹰是世界上寿命最长的鸟类，它可以活70多岁。但是，当老鹰活到40多岁时，它的爪子开始老化，它开始变得无法有效地抓住猎物；它的喙变得又长又弯，几乎张不开嘴；它的翅膀变得十分沉重，飞翔也十分吃力。

这时候，老鹰会经历一个十分痛苦的过程。

它会在悬崖上筑巢，停留在那里，不去飞翔。它用喙击打岩石，直到盖住的喙完全脱落。然后静静地等候新的喙长出来，再用新长出的喙把爪子的指甲一根一根地拔出来，当新的指甲长出来后，再把羽毛一根一根地拔掉。

5个月以后，老鹰得以再生，重新鹰击长空，潇潇洒洒度过后面30年的岁月！

老鹰是这样，人也是一样，先不说人活到老，学到老，知识永远处在更新中，就是天天做选择，也会面临许多次的放弃。人做选择比

较容易，但有时候我们做放弃的决定是如此之难，甚至是堪比牺牲，然而，犹如我们清楚的凤凰涅槃才能重生，放弃也是为了开始一个崭新的历程。

正确的放弃不是逃避、不是懦弱，而是理智的选择。

放弃与选择是紧紧联系在一起的，当不得不放弃时，正确的放弃，是为了能够得到更好的选择。而人如果总抱有"舍不得"心理，就会让自己更加痛苦。因为舍不得与优柔寡断、犹豫不决都是人性的"大敌"，不仅会贻误时机，而且会让人迷失方向，所以放弃就是选择。

第三章
不能改变他人，就改变自己

改变，对自己来说不是立竿见影的事，是很痛苦很难受的事。人总想改变他人，但换位想一想，让他人改变是一件多么难的事呀。所以说，在这个世界上，要想和他人建立好关系，有时非得改变自己不可。

打蛇

古人说："江海之所以能为自己百谷王者，以其善下之。"即说明海纳百川的缘由。海，因为胸怀宽广才能容纳百条江海。而人心胸宽阔，也是做人的第一品格。

日常生活中，一个人如果能做到宽以待人，就会"不责人所不及，不强人所不能，不苦人所不好。"反之，总是对方给我一拳，我非还他一掌，以敌视目光看人，对他人戒备森严，处处提防，不能宽大为怀，必陷于仇恨、嫉妒、生气、痛苦之中。

有一个小和尚去挑水，回来的路上被蛇咬了一口。回寺院处理好伤口之后，小和尚找到一根长长的竹竿，招呼师兄弟准备去打蛇。

师傅见状，过来询问。小和尚把事情原委跟师傅讲了，师傅问事发地点在哪里，小和尚说在寺院北面的草地。

师傅问道："你的伤口还疼吗？"

小和尚说不疼了。

"既然不疼了，为什么还要去打蛇？"师傅说。

"因为我恨它！"小和尚咬牙切齿地说。

师傅说："蛇咬了你，你就恨它，打它，那它不更恨你，更想咬你吗？你们双方因恨结怨何时了呢？你是人，放下心头的仇恨吧。"

小和尚一脸的不服气："我是人，但我不是圣人，我做不到心中无恨。"

师傅微微笑道："圣人不是没有仇恨，而是善于化解仇恨。"

小和尚辩解说："难道说我把被蛇咬当作被树上果子打中脑袋，或者半路被雨浇一样吗？再说我不打它，我就成了圣人？如此说来，做圣人也太容易了吧！"

师傅摇摇头："圣人不仅是懂得化解自己的仇恨，更懂得善于化解对方的仇恨。"

小和尚呆呆地望着师傅。

师傅说："世人对待仇恨有三种做法。第一种是记仇，仇恨就像在心里种了一棵小树，越长越大，自己总是生活在恨意带来的疼痛中；第二种是尽快忘掉仇恨，还自己平和与快乐，等于在心里种上花，时时闻花香之气；第三种是主动与仇人和解，解开对方的心结，等于是摘下花朵赠给对方。如果能做到第三种，就离圣人的境界不远了。"

小和尚点点头。

不久，寺院北面草地上出现了一条窄窄的石板路，那是小和尚和师兄弟们修建的，之后再也没有发生过蛇伤人的事件了。

"别人对我怎样，我也以同样态度对待他人。"这是生活中人际交往的常态。世间万物，各人各态，强求一致是不大可能的，尤其是在他人对我们不友好、不友善之时，如何对待他人，这是考验一个人的做人品格之时。

以善良之心化解仇恨，并不是每个人都能做到的。然而，当你一旦做到，你会觉得心中释然、快乐。因为，仇恨永远化解不了仇恨，反而将仇恨更加放大；而忘记仇恨，仇恨就变成了零，没有了增长的可能。

世间以恨对恨，恨永远存在，以爱对恨，恨自然消退。

是这样的吗

谅解他人的过失，宽容他人的失误，容忍他人的任性，这是一个人非常难做到的，但如果做到了这样，真的是令人尊敬的。

生活中，我们都会碰到他人伤害我们的事，或被他人不理解的事，甚至被他人误会了的事。遇到这些，我们要学会释怀他人对自己的伤害，容忍他人对我们的误解，误会，尽管释怀、放下都很难，但也要这样去做，因为这样做，体现了一个人高尚的情怀。

日本著名禅师白隐，为人品行端正，禅风高尚，受到众人的尊敬和爱戴。

有一次，一件意想不到的事突然发生在他的身上。

原来在他修行的寺庙旁边有一家人，这家人开了一家水果店，夫妇俩起早贪黑，勤俭持家，生意红火，夫妻俩有一位如花似玉的女儿。女儿已到成人，却仍待字闺中，这成了夫妻俩的一块心病。

一天，夫妻俩发现女儿的肚子悄悄地大了起来，这令他们非常震惊：女儿还未出嫁，怎么做出了这种见不得人的事。父母恼怒，追问女儿是谁竟敢如此大胆，害得他们无法见人。女儿起初不肯招认是谁，在父母的再三逼问下，才终于吞吞吐吐说出是白隐禅师所为。

夫妻俩根本不相信白隐禅师会做如此之事，但女儿一再坚持，最

后也没有得到其他线索，于是只好去找白隐禅师理论。他们怒气冲冲地来到白隐禅师之处，说清原委，只等大师答话。没想到白隐禅师却不置可否，只是若无其事地问道："是这样的吗？"夫妻二人没有其他办法，心想，反正事已至此，干脆等孩子生下来后，送给白隐算了。

几个月后，孩子一出生就被送到了白隐禅师这里。此时白隐禅师早已名誉扫地，横遭白眼，但他不以为然，他接过孩子，送走夫妻俩，非常细心地照顾孩子。对待周围人们的冷嘲热讽，他泰然处之，仿佛孩子就是他的。这些事情那位未婚妈妈都看在了眼里。

一年之后，未婚妈妈终于不忍再隐瞒下去了，她向父母坦白：孩子的生父是在鱼市卖鱼的与她青梅竹马的一位男青年。可怜白隐禅师忍辱负重，背了一年的"黑锅"。

未婚妈妈的父母惭愧不已，赶忙去找白隐禅师登门道歉，要求领回孩子。白隐禅师仍是平静如水，泰然自若，听完事情原委，仍是说了一句："是这样的吗？"然后将孩子交给这对夫妇。

有人说：与其用拳头或嘴巴来反击对自己不利的言辞和是非，不如拒绝反击，以达到不战而屈人之兵效果。其实，面对别人给予我们的不公正、不公平，我们只需做到不受干扰就可以了。

人春风得意之时，需要低调慎重；受人冤屈之时，需要面辱不惊。当一个人真正做到：能坦然面对突发的变故与遭遇起伏，能淡定自如应对大大小小难堪尴尬之事，才是拥有了大智慧啊。

俗话说：泰山压顶面不改色，这是一种什么样的境界。在面对他人误解、怨恨之时，如果宽恕了他人，不仅能得到他人的敬重，伤害你的人自己内心也会感到内疚。

宽容是一门艺术，一门为人处世的艺术，宽容精神是一切好品德中最伟大的品德。对待他人，争辩、反击等方式均不可取，唯有冷静、包容、忍耐、谅解才是最重要的。

搭船渡河

世间纷争常见，而解决纷争，最好的办法就是宽容和忍让。

因为宽容，胸怀才能大度；因为忍让，行为才能高尚，宽容、忍让的精神不仅对自己有利，同时更能感动他人。宽容、忍让是遇事多为他人着想，容忍他人对自己的不尊敬、不恭敬，具有这种精神的人是高尚的，心地是善良的，行为是可歌的，因为他们真正懂得容忍他人、宽容他人是提升自己内心纯洁的高境界的意义。

唐开元年间有位梦窗禅师，他德高望重，既是有名的禅师，也是当朝国师。

有一次他搭船渡河，渡船刚离岸，这时远处来了一位骑马佩刀的大将军也要过河。

船上的人纷纷说道："船已开行，不能回头了，干脆让他等下一回吧。"船夫也大声回答他："请等下一回吧！"将军非常失望，急得在水边大叫着团团转。

这时坐在船头的梦窗禅师对船夫说道："船家，这船离岸还没有多远，你就行个方便，掉过船头载他过河吧！"船夫看到的是一位气度不凡的出家师父开口求情，于是把船开了回来，让那位将军上了船。

将军上船以后就四处寻找座位，无奈座位已满，这时他看到了坐在船头的梦窗禅师，于是拿起鞭子就打，嘴里还粗野地骂道："老和尚！走开点，快把座位让给我！难道你没看见本大爷上船了吗？"没想到这一鞭子下来正好打在梦窗禅师头上，鲜血顺着他的脸颊流了下来。禅师一言不发地站起来，把座位让给了这位蛮横的将军。

这一切船上的人都看在了眼里，心里既害怕将军的蛮横，又为禅师的遭遇感到不平，纷纷窃窃私语：有什么了不起，是禅师请求船夫回去载他，他还抢禅师的位子并且打了人家……

将军从大家的议论中，似乎明白了什么。他非常惭愧，但身为将军却拉不下脸面，不好意思认错。

不一会儿，到了对岸，大家都下了船。

梦窗禅师默默地走到河边，用水洗净了脸上的血污。那位将军再也忍受不了良心的谴责，上前跪在禅师面前忏悔道："禅师，我……真对不起！"梦窗禅师心平气和地对他说："不要紧，出门在外难免心情不好。"

生活中，许多人能接受平凡，却不能接受委屈，甚至些许委屈。在遇到他人对自己不满或怨恨时，要么责人怨人，要么立即反击。其实人生就是不断挑战自我的过程。面对他人的挑衅、挑战，如果能够做到把命运掌握在自己手中，不受他人摆布，这是生活的强者；如果再能做到以德报怨，那就更是生活的智者，会让人敬之重之。

不计前嫌、化敌为友，是处理怨恨的最高境界。中国古代有一首诗："忍字心上一把刀，遇事不忍祸必招，如能忍住心中气，过后方知忍字高。"

君子爱财，取之有道

人与人之间，犹如天上星与星之间，不是互相妨碍，而是互相照耀。有道是君子取财，取之有道，财富、利益、好处，谁都喜欢，谁都愿意拥有，但是，不属于你的东西，千万不能强取，也不要不择手段盗取、夺取，因为，如果使用了不光彩方式，即使是千方百计得到它，也属不义之财。

一位老人，有一天晚上散步后回到自己住的茅屋时，正巧碰上小偷在屋里翻东西，他怕惊动小偷，便一直站在门口等候……

小偷找不到值钱的东西，正要离开时，遇见了老人，正感到惊慌失措的时候，老人却说："你我互不相识，你来探望我，总不能让你空手而走呀！"说着脱下了身上的外衣，还说："夜里凉，你穿上这件衣服走吧。"

说完，老人就把衣服披在小偷身上，小偷不知所措，低着头走了。

老人看着小偷的背影，感叹地说："可怜的人呀，但愿我能送一盏灯照耀你走的路！"

第二天，温暖的阳光照耀着茅屋，老人推开门，看到昨晚披在小偷身上的那件外衣被整齐地叠放在门口。老人非常高兴，喃喃地说道："我终于送给了他一盏照亮了心扉的灯……"

《论语》中说："富与贵，是人之所欲也，不以其道得之，不处也。贫与贱，是人之所恶（厌恶）也，不以其道得之，不去也。"即君子取财，应取之有道，不义之财不能取。

生活中，大多数人发现他人有毛病有问题时，往往会大呼小叫、不留情面地进行指责、贬损，好像就自己正确似的。实际上只要你足够宽容，以礼待人，有时强盗也会被感动。而理解他人，谅解他人，从他人的立场出发，考虑问题，所得到的回报有时会让你惊喜。

人不可能十全十美，也不可能保证在漫长一生中不犯一丁半点错误或过失，百分之百完美无缺的人是不存在的，多站在他人角度考虑，多为他人做些有益的事，也是净化自己的心灵。

在人的修养品德中，宽容是最不容忽视的。宽容的人，大多是有节操重道义的人，他们常以一颗平常心对人对己，他们的客人雅量就像宰相肚里能行船、将军额上可跑马一般。

宽容是世界上最具神奇的力量

每个人都有良知，都有羞耻之心，如果看到他人做了坏事能好言相告或给他人留有余地，就是给他人留下改过自新的机会。

以德报怨是人最难做的一件事。一个人的心胸应该宽广，尤其在受到伤害时，更要有超越睚眦必报的狭隘心理。人能采取以德报怨的方式是高境界的表现。

人与人有矛盾、有摩擦、有冲突，是很正常的现象，如果是无伤大雅的事，就不要耿耿于怀，倘若因此大动干戈，或因此"你死我活"，将问题上升到"仇恨"的程度，那是做人的失败。其实，能以恕己之心宽恕他人，以容己之心对待伤害你的人，不仅为自己打开了一个和谐的人际环境，同时更显现了你博大的胸怀。

从前，有一位老人，生了三个儿子，一天他想看看三个儿子处事能力，便对三个儿子说："你们三人出门去玩吧，三个月回来，把旅途中最得意的一件事告诉我，我要看看你们哪一个人做的事最让人敬佩。"

三个儿子听完后，就动身出发了。

三个月到了，三个儿子都先后回来了，老人就问他们旅途中所做的最得意的事。

大儿子说："路上，有个人把一袋珠宝交给我替他暂时保管，他并不知道袋中有多少颗宝石，假如我拿几颗，他也不知道。等到后来他向我要时，我原封不动地交还了他。"

老人听了之后说："这是你应该做的事，若是你暗中拿他几颗，你想你会是什么样的人，这和偷盗有啥区别。"大儿子听了，觉得父亲的话有道理，便坐到了一旁。

二儿子说："有一天，我看见一个小孩落入水里，便救他起来，他的家人要送我厚礼，我没有接受。"

老人说："这也是你应该做的事，如果你见死不救，你觉得是做人的起码要求吗？"二儿子听了，觉得父亲的话有道理，也坐到了一旁。

三儿子说："有一天，我看见一个人倒在危险的山路上，一个翻身就可能摔死。我走上前一看，他竟然是我几年前恨之入骨的仇敌，他好像是病了晕倒在地，这个人过去一直与我为敌，我几次想报复他，都没有机会，这回我要弄死他，可以说是不费吹灰之力，但是我想了想，觉得虽然他曾与我为仇，但我也从他身上学到了很多东西，他提醒我，人与人相处，有友情，也有竞争；有朋友，也有"对手"存在，他让我在生活中快速认识社会，认识各种人，增长知识，增长见识，积累经历，迅速成长。当然现在我也不觉得他有多'可恨'，尽管他曾那样对我。我认为他有自己的人格，有自己的思想，他的生命和我一样，都应受到尊重，于是我看护着他，直到他醒来，并且送他回家。"

老人听第三个儿子说完，十分赞赏地说道："你的两个哥哥做的也是符合良心的事，不过你做的是以德报怨的事，这太难得了。"

人都是有情感的，都难逃一个"情"字。如果他人与你结怨结仇，

你一定会气得恨得咬牙切齿，寻机找他"麻烦"，甚至有马上除之而后快的心情。但是，一匹马如果没有另一匹马紧紧追赶，它就永远不会飞驰快跑。人也是这样，遇到对手比自己强大时，会感到无尽的压力；在遇到对手寻机挑衅，或起争论、纷争，使自己处于不利境地时，更会感到仇恨在心。但是，面对"仇人"、"冤家"，如果以怨报怨、以仇报仇，那么，恩恩怨怨何时能解呢？所以尽量不要以怨报怨，以仇报仇，因为对手也是人，他虽然使你不愉快，使你"丢面子"，甚至使你受伤害，但他能促使你尽快独立，促使你增长智慧，磨砺人格，提醒你注意自己的缺点，促你成长，促你更加坚强。

感谢"对手"、"阻碍者"，他们是我们一路前行的动力和进取的源泉，也是我们拒绝平庸走向卓越的助推力。

当然，帮助"仇敌"是需要胸怀的，也是彰显伟大人格的表现。人的一生不可能事事如意，别人都如众星捧月般待你。当你受到伤害、指责时，当你遇到"对手"、"阻碍者"时，千万不要心存报复，因为，如果仇恨在心，就等于把自己关在"报仇雪恨"的囚笼中了。所以，忘记是最好的良药，如果再能化敌为友，那就更好了。

清者自清，浊者自浊

有句话说："对他人的报复，就是对自己的攻击。"

一个人与自己的关系是所有关系的开始，当你与自己和谐一致，你就能天天带笑，但如果和自己关系"不好"，就会整天愁眉苦脸，怨天怨地。人要和自己做最忠实的伴侣，如若可以，就能基本做到与他人的和谐。

做人要讲宽容、大度、礼让。比如，对他人的激烈言辞不要太过计较，要容得下"话"；对他人的缺点要正确看待，容得下"短"；对他人的错误行为要忘记，容得下"过"；对他人的伤害、仇视要心胸宽广，容得下"仇"，只有具备了以上方面宽容的肚量，心才能宽，脚下的路才能顺顺畅畅地走下去。

唐代丰干禅师住在天台山国清寺。一天，在松林漫步，山道旁忽然传来小孩啼哭的声音，他寻声一看，原来是一个男婴，衣冠不整，浑身泥土。丰干禅师把这男婴带回国清寺，等待家人来认领，但许多人来过，都不承认孩子是自己的。由于无人认领，丰干禅师就把男婴留在寺中，男婴渐渐长大，由于是丰干禅师捡回来的，所以起名叫他"拾得"。

拾得在国清寺住下来，长大后，担任行堂（添饭）的工作。

时间长了，拾得也交了不少道友，尤其与其中一个名叫寒山的青年是莫逆之交。因为寒山家庭贫困，拾得就常常将斋堂里吃剩的饭菜用一个竹筒装起来，给寒山背回家去食用。

有一天，寒山问拾得："如果世间有人无端诽谤我、欺负我、侮辱我、耻笑我、轻视我、鄙贱我、恶厌我、欺骗我，我要怎么做才好呢？"

拾得回答道："你不妨忍着他、让着他、由着他、避开他、耐烦他、尊敬他、不理会他。再过几年，你且看他如何。"

寒山又问道："除此之外，还有什么处事秘诀，可以躲避别人恶意的纠缠呢？"

拾得回答道："有人骂你，你只说好；有人打你，你自睡倒；有人唾你，你随它自干了；你省省力气，他也无烦恼。"

拾得的话，并不是要人软弱，他是告诉我们在应对他人非难、诽谤、侮辱、耻笑、轻蔑、鄙视、厌恶、难堪、欺骗等人生际遇时，要冷静对待、谦让对待、忍耐对待、克制对待。

人的一生中难免会遭遇上述不愉快场面，面对这些，你是否能做到心平气和？是否能做到淡然处之？是否能做到一笑而过？是否能做到坦然面对？

人在受到不良刺激时，情绪会发生急剧变化。学会制怒谋后而动非常重要。一个心理素质好的人，在愤怒、仇恨等不良反应来临时会阵脚不乱，不让愤怒、仇恨蒙住理智的双眼，不让1%的愤怒、仇恨扩大成100%的愤怒、仇恨，因为，仇恨或报复解决不了问题，相反，会使问题激化、扩大，矛盾升级。而善于制怒谋后而动的人总能让自己的内心平静，理智对事，而做到这一点，内心不强大是做不到的，所以会制怒的人有一颗足够大的承受压力的心。

做人难，做一个冷静、理智、把控力强的人更难。

"己所不欲，勿施于人"

"己所不欲，勿施于人"，意思就是自己不愿意要的或不愿意做的，绝不要强加给别人。这是一种推己及人的观念，是一种把自己和他人对等的人生观。这种推己及人的做法做起来是很难的，因为人本身都是有私心的，而推己及人是把他人看成自己，想方设法、设身处地做到为他人着想，是一种换位思考。

古代有两家人，一家姓萧，一家姓楚。两家是邻居，只隔了一道墙，而且这道墙也不是很高，中间还开了一道门，方便两家的往来，这道门是从来不上锁的。两家人和谐相处，倒也其乐融融。

有一年，两家人院子里都栽种了瓜，萧家人比较勤劳，细心看护，每天都要浇水、施肥、除草，做得非常及时，所以他们家的瓜长势很好，瓜藤一直蔓延到楚家的院子里去了，枝繁叶茂。而楚家人呢，由于疏于管理，瓜生长迟缓，而且害虫不断，瓜藤长势一般，又短又细，与萧家瓜藤的长势形成了鲜明的对比。楚家人心里不是滋味，觉得自己太丢面子了，于是他们就想了一个办法。

一天深夜，趁萧家人熟睡之际，楚家人悄悄地进入萧家院子里，把院子里的瓜藤连根全部扯断。第二天，萧家人发现了这个情况，看见大门门锁仍然是好好的，不像是外面的贼跑进来干的，他们想到了

旁边的邻居楚家，怀疑是楚家的人干的，但是楚家人矢口否认，不得已，他们就告到了当地的县衙。县令大人升堂断案，问明情况后，深入调查，确定是楚家人所为。楚家人知道再也抵赖不过，也只好承认了。

萧家人气不过，要求县令大人把楚家的瓜藤连根也给扯断。县令大人说："他们这样做当然不好，理应受到惩罚，可是，扯断他们家的瓜藤，就对吗？别人做了不对的事，如果再跟着学，也像他们那样做不对的事，那就心胸太狭隘了。你们听我的话，从今天起，你们每天晚上在他们睡熟后，去他们家院子里给他们家的瓜藤浇水、施肥，让他们家的瓜长得好，而且要记住，这件事不能让他们知道。"

萧家人听县令这么一说，觉得有些道理，于是，他们每天晚上夜深后就去楚家的院子里，给他们家的瓜地浇水，施肥。日子一天一天地过去了，楚家人的瓜藤长得枝繁叶茂，而且还结出了瓜，楚家人感到很奇怪，自己没怎么管理，瓜却长得这么好。后来发现是旁边的萧家人做的，他们惭愧之余升起了感激之情。

楚家人真心诚意去给萧家人道歉，从此，两家又恢复到以前那种和谐的相处景象，关系比起以前也更好了。

与人相处，不能只顾自己，要多为他人去想。心理学上有一种"回报效应"，即你为他人着想，他人也会为你着想。凡事如果太斤斤计较，不留余地给别人，那别人也会对你斤斤计较、不留余地。

生活不是简单的"取与舍"，也不是单纯的"得与失"。很多矛盾、误会的产生，就是因为人们太计较了。因此，遇到问题时，首先要从自身找原因，用"推己及人"的方式来处理，这样就会发现没有过不去的河，没有迈不过的坎。其次，借助"糊涂"、忍让、退却等人生智慧也很重要。因为拥有了这些，人的心胸就会开阔、大度。明知道对方与己意见不一致，争论一阵，见分不出高低，便不再争论了。

人要有能伸能屈的变化之胸怀，"吃点小亏"、"忍辱负重"，就是"拿得起，放得下"的积极态度显现。

古人云：冤冤相报何时了，得饶人处且饶人。自古至今，宽容都被圣贤乃至平民百姓尊奉为做人的准则和信念，成为中华民族传统美德的一部分，被视为育人律己的金科玉律。

今天你成全他人之美，明天他人会成全你之美。面对他人的"斤斤计较"，我们要不计前嫌。因为锱铢必较，不仅和自己过不去，还会和他人过不去，更会弄僵人与人之间关系，失去更多的利益。

给 "面子"

常言道：人有脸，树有皮。人爱 "面子" 是人的共性。因为人有被尊重与自我价值实现的需求。

人有 "互重" 心理，即你敬我一尺，我敬你一丈。如果希望氛围和谐，必须学会给足他人 "面子"，即使他人错了，也要维护他人，这样，他人自然会有负疚感，想办法对你好。

生活中我们尽量不要去伤害他人的自尊，要学会理解他人，善于发现他人的优点，尽量听取他人的意见，学会给他人留 "面子"。

《呻吟语》说："责人要含蓄"，即在指责、批评他人时，一定要以含蓄委婉的方式说出，切不可太直接或言辞激烈。与人相处要做到彼此平等，对的意见要吸取；不对的意见，要耐心倾听，耐心解释。尽量做到不小气，不狭隘，不势利，学会与人 "打交道"。

有一个人请了甲、乙、丙、丁四个人吃饭，临近吃饭的时间了，丁迟迟未来。

这个人着急了，一句话就顺口而出："该来的怎么还不来？" 甲听到这话，不高兴了："看来我是不该来的？" 于是就走了。

这个人很后悔自己说错了话，连忙对乙、丙解释说："不该走的怎么走了？" 乙心想："原来该走的是我！" 于是也走了。

这时候，丙对这人说："你真不会说话，把客人都气走了。"

那人辩解说："我说的又不是他们。"

丙一听，心想："这里只剩我一个人了，原来是说我啊！"也生气地走了。

表面上看这个故事是讲一个人不会说话造成的影响，实际上蕴含了是否给人"面子"、尊重他人的问题。

"凡事预则立，不预则废"，即遇到麻烦、问题的时候，千万要学会冷静处理，多想一想，从全局出发，从"和为贵"出发。

人是感情动物，为人处世，感情投资不容忽视。乐于助人，给人"面子"的人，会不断增加自己感情账户上的储蓄。这样当你遇到困难时，随意"支取"账户上的"人情"，会很快找到"援军"，不至于自己一人过"独木桥"。

人们常常说："面子换面子，善用面子好办事。"很多时候，靠打仗可以赢得一场战争，但未必能赢得真正的平和世界。而用人情换人心，有时比打仗更能"攻城略地"。

每个人都有自尊心、好胜心，若你想加深感情，换取人心，就必须换位思考。而"给人面子"是最简单易行的事，又是加深情感的最好办法，而"伤人面子"不仅得不到他人的心，如同一堵墙，既隔开了自己与他人，最终也会伤了自己。

拔钉子

人的内心是非常脆弱的,往往一旦受到伤害,就会"耿耿于怀"或"心痛不已",甚至永生铭记。

俗话说,人怕伤心,树怕剥皮,说的也是这个道理。人无论做什么事,都要先考虑我这么做会给他人造成什么伤害,如果能避免伤害他人一定要避免,否则,再想挽回就困难重重了。

有一个男孩脾气暴躁,经常与人发生争执冲突。于是,他的父亲就给了他一袋钉子,让他每次与人发生争执冲突后,就钉一个钉子在后院的围篱上警诫自己,以此慢慢改变他那暴脾气,培养宽容谦让之心。

一年多以后,男孩骄傲地告诉父亲,他已经有整整一个月没有在围篱上钉钉子了,并说自己有了很强的忍耐能力。

但父亲的用心良苦不仅仅如此,他对男孩说:"你做得很好,我的好孩子。现在你虽然具备了一些忍让宽容的心态,但还不够,还需要有更多的谦让心态。你看到了吗?当你将钉子拔出来之后,围篱上的那些洞却永远不能恢复到从前那样;你生气时说的那些话就像这些钉子一样会给他人心中留下疤痕。所以,如果你伤害了别人,不管你说了多少次'对不起',别人的'伤口'将永远存在。孩子,你明白我的意思了吗?"

　　是的，宽容谦让是交友处事中非常重要的。宽容谦让不仅能让人消除许多无谓的争执、冲突、矛盾，而且还能让自己大受欢迎。人要做到能融洽处理与周围的各种关系，要善于与他人合作，即使遇到他人做有损于自己的事，也要以平和心态待之，尽量避免争执、矛盾和纷争。

　　宽容谦让的人，能够善用辩证的方法看待问题。古话说："宽人多条路，伤人多堵墙"，说的就是这个道理。伤害人的结果不只是给自己找了麻烦，更多时，还会"搬起石头砸了自己的脚"。

　　谁都希望自己做事成功，但成功的路却不是一帆风顺的，而是布满了荆棘。人生之路上有朋友，也有"对手"，更有"阻碍者"、"敌人"。成功者都是在与"对手"、"阻碍者"、"敌人"的"相伴"、"斗争"中逐步成长壮大的，没有"对手"、"阻碍者"、"敌人"，人就会缺少危机意识，就会懈怠，就会故步自封，就会妄自尊大，甚至丧失斗志、丧失信心。

江面到底有多宽

在现代生活中，为了行车安全，有"宁停三分，不抢一秒"之说，那么，在争论、争执中，一定也要"宁停三分"，给别人留个"台阶"，留个"面子"，留个"想一想"的时间，正所谓"你好我也好"，两好并一好。

以"和为贵"，是一种既能坚持原则，又能灵活应用、不失变通的交际智慧。生意场上"和气"生财，交往圈中处事及交友也要以"和"交友。"和"是一种态度，一种境界，一种以柔克钢的力量。

清末陈树屏做江夏知县的时候，大臣张之洞在湖北做督抚。张之洞与抚军谭继询关系不太融洽，有一天，陈树屏在黄鹤楼宴请，张、谭也在被宴请人之列。

席间聊天，聊着聊着就说到了长江江面，谈到了江面宽窄问题。谭继询说是五里三分，张之洞却故意说是七里三分，双方争执不下，谁也不肯让步，就那么针尖对麦芒僵持着。

陈树屏知道他们是在借题发挥，而且知道两人关系不融洽，怎么办呢？他想了一下，言辞恳切地说："两位大人都没有说错，江面水涨就宽到七里三分，而落潮时便是五里三分。"

本来张、谭就是为了斗气才故意抬杠的，正感觉下不了"台阶"时，听了陈树屏的这个有趣的"圆场"，就结束了争论，同众人一起拍掌大笑。

现实生活中有不少人是"直肠子"、"一根筋"，并以此为豪，认为自己真诚，说话直接。体现在为人处世上则是"撞到南墙不回头"、"十头公牛也拉不回来"。其实，这样的人往往由开始的固执最后变为刚愎自用，对交往、事业、生活没有任何好处。这些"直肠子"、"一根筋"最应该懂得"权变之道"，因为机智灵活对于解决问题大有好处。

应该注意的是，机智灵活并不是鼓励人们颠倒黑白，逢场作戏，或指黑为白，或溜须拍马，曲意奉承，而是在某些时候，面对某些人，有些话不能直言，最好改变策略或以委婉的方式去说服或阐述。

人际交往中有不少冲突、争执、矛盾，都是由于一方或双方互不相让、纠缠不清或得理不让人而导致的小事大闹、大事升级，最后，为争个人胜负，矛盾越闹越大，事情越搞越僵。

其实，给人一个"台阶"，满足一下对方的自尊心和好胜心，不但能使双方"握手言欢"，而且还能显示自己坦荡的胸襟、深厚的修养以及谦谦君子风度。

而在遇到尴尬场景时，心胸一定要宽广，既要有超人的智慧，又要有随机应变的思维，谨慎从事，巧妙化解。

不能改变他人，就改变自己

人们常说：心中无事一床宽，眼内有沙三界窄。一个人的胸襟有多大，日后的成就就有多大。

春秋时期，楚王宴请大臣，席间美酒配佳肴，歌舞曼妙，烛光闪闪，气氛十分浓厚。大臣们猜酒划拳，个个喝得高兴、尽兴。楚王见酒酣之际，命自己最宠爱的妃子许姬给大臣们轮流敬酒。

忽然一阵狂风，吹灭了大厅中所有蜡烛，只听许姬一声大叫，随即奔到楚王身边。原来一位大臣趁黑摸了许姬的手，许姬扯掉了他帽子上的缨珞。许姬向楚王告状，要求楚王严厉处罚那个对她非礼之人。

楚王听了，连忙命令手下先不要点亮蜡烛，而是说："今天，咱们一定要一醉方休，各位把帽子全摘了。"

席间众位大臣摘了帽子，这样就看不出谁的帽子少了缨珞。那个酒醉非礼许姬的大臣很感谢楚王。

再点上蜡烛后，楚王仍命令许姬去敬酒。

后来楚王攻打郑国被困，有一位猛将率领几百人，浴血奋战，不怕牺牲，将楚王救了出来。楚王想封赏他，他说，他正是那位非礼许姬之人，他当时有些醉，冒犯了楚王。楚王见其知恩图报，于是回国后将许姬赏赐与他。

这是历史上著名的"绝缨会"的故事。

人非圣贤，孰能无过。在得知他人犯错时，如果给他人一个机会改正错误，犯错之人自会感激你的宽容、善良，这不仅仅是给过错之人一个机会，说不定也会给自己一个机会。

古人说，大肚能容，容天下难容之事，即是形容弥勒佛的度量之大。所以，能容他人者才能自容，能以诚意待他人者，才能真心待自己。三国时诸葛亮七擒孟获，又七放孟获，终于使孟获彻底降蜀，保证了西南的安定团结，成就了诸葛亮宽容大度的美名。

人与人之间难免磕磕碰碰，如果都是斤斤计较，你不让我不退之人，那么两人永远找不到交集点，永远成为陌路人。高山因为不辞土壤，才能成就其高，大海因为不择细流，所以成就其大。真正有成就的人，胸襟开阔，气度宽广，像齐桓公不计管仲一箭之仇，反而拜其为相，最终成就霸业。

心中有容人容事的大度，自不会去计较他人对自己的不公平、不公正。在大度的人心中，不能改变他人，就改变自己，不能改变环境，就适应环境，没有机会，就创造机会。

人生中只要不自己看轻自己，就没有人能看轻你。这是宽容的人信奉的原则。人生最大的敌人是自己，最好的朋友也是自己。宽容、善良、大度，就能活出精彩的自我！

过桥

人在很多时候要学会"妥协",因为"硬碰硬"不代表谁更强,谁更有能耐,反而容易引发事态升级。有时候,适当"妥协",反而是"棋高一招"。"妥协"、"认输"并不代表是自己不如对方,输给对方,换句话说:"妥协"是为了更好地前进,"低头"是为了"抬头"。

人应该具备"少事为福"、趋利避害的心态。在没有想出更好的方法之前,退让、"妥协"是一种人生智慧,是为了能够巧妙地穿行人生"荆棘",看柳暗花明的人生风景。人在世上走,不能处处争强,尤其是在解决无关紧要的问题上,一味好胜,就会不讲方法,横冲直撞,逞匹夫之勇。

古时候,有一户人家来了客人,父亲就叫儿子上街买酒菜准备请客,这个儿子一去好久都没回来,父亲很着急,等到要开饭了,儿子还是没回来。父亲实在等得不耐烦了,于是就自己上街去看个究竟。

原来儿子拎着酒菜站在一座窄桥中央,和另外一个人面对面站着,父亲上前问道:"你怎么站在这里,买了酒菜为什么不回家呢?"

儿子说道:"爸爸,我从这座桥上走,这个人走到这里,他不让我过去,我现在也不让他过去,所以我们两个人就'对上'了,看看究竟谁让谁?"

父亲怒气冲天，说道："孩子，让爸爸也来跟他'对一对'，看看谁怕谁？谁让谁？"

俗话说："杀人一千，自损八百"，这个父亲如此以牙还牙，而对面那人也不退让，就这么僵持下去，对峙双方绝对都不会是赢家，都是输家！

为人处事要学会谦让，不能事事争强好胜，处处出头露尖，有时"忍一时风平浪静，退一步海阔天空。"在道路狭窄之处，退回让他人先行，是一种极其聪明的处世方式，退让不仅仅是给自己、给他人留下了更多的生活空间，也是给自己、给他人的心理留下了更多回旋余地，给自己及周围人的关系带来更多谦和之气。

前面的路被山挡住，我们只能绕过去，虽然路要多走一些，但能到达我们的目的地。如果企望让山自动移开，等到下辈子也做不到。退让、"妥协"，不仅能给我们带来益处，还能避免害处。从某种意义上讲，在形势明显对自己不利，或者自己没有能力改变或影响形势的情况下，就不能继续往前冲，一定要回去进行"防守"，或进行进退有度的谦让、"妥协"，这样才可以避免矛盾升级，避免过激行为发生。

生活中"吃点亏"、谦让一些不算什么，如果能换来难得的祥和与安全，换来精神愉悦，身心健康与快乐，又有什么不值得呢？

让三分心平气和

人与人交往，一定要学会忍让，谦让，强争高下，有可能你赢，但这种强争下得来的"赢"只是一时的风光，失去的将是永久的和谐。

一天，动物集会，举行搬运木头的比赛。

动物们各自盘算着夺取冠军的事。黑熊力量很大，它心里想，如果比赛顺利的话，自己拿个冠军是没问题的；野猪认为自己浑身都是力气，而且经常从事体力劳动，练就了一身硬功夫，冠军非他莫属；猎豹认为自己奔跑速度快，身手敏捷，自己如果能发挥出速度快的优势，夺取冠军是不成问题的；大象认为自己力大无穷，搬运的工作是它的特长，如果能够正常发挥水平，夺取冠军就如囊中取物一样。黄羊也报名参加了比赛。大家觉得黄羊个不大，力量也不大，跑得也不是很快，只是参与而已，没有夺冠的实力。

按照比赛规则要求，参加者将木材从河东岸运到河西岸，必须走过架在河上的一座独木桥。在不落水的情况下，谁运送的木材多，就算谁赢。

比赛开始了，黄羊扛着木头走到桥边。当它正想过桥时，发现黑熊运完了一根木材回到了桥边。黄羊想，还是让黑熊先过吧，自己晚过去一会儿，不会对比赛成绩有什么大影响，而且，两边都想过桥，总得有先有后，有谦让，同时过桥肯定是不行的。就这样，黄羊每到桥边，只要发现有别的动物走到桥边，它总是让别的动物先过桥。观看比赛的动物们都纷纷说黄羊过于善良，每次过桥总是给别的竞争者让路，这样肯定会输掉比赛的。

两个时辰到了，最后宣布比赛的结果，黄羊获得了比赛冠军。大家都不相信这是真的。但经裁判细说比赛经过，大家才恍然大悟。

原来，只有黄羊肯为其他竞争者让路，所以它每次都能顺利过桥。而其他参赛的动物都不肯为对方让路，于是你不让我，我不让你，浪费了大量的时间。大象和黑熊甚至在桥上动武，结果双双跌到桥下，丧失了比赛的资格。猎豹和野猪在桥上谁也不肯给对方让路，结果它们结了仇，相约到河边去角斗。斗了一个时辰，也没有斗出高下，忘记了比赛这码事。只有黄羊自始至终一刻不停地运送木材，经它手运送的木材堆积如小山一般，它最终成为名副其实的冠军。

给对方让路，就是给自己让路。这是黄羊取胜的秘诀。

中国有句古话：退一步海阔天空，让三分心平气和。日常生活中，很多人为了一些鸡毛蒜皮的事情而大动干戈，以至于伤了和气。所以，必要的忍让是化解怨愤的催化剂，是调节人际关系的良药。

世间什么最难做到：让。让是牺牲小我的利益而保全大局，它需要的是一个人强大的自信和坚韧的性格。善于让，不是懦弱的行为，而是人生的大智慧。

世间什么做的最多：退。退是谦逊的态度，是表示委屈自己而尊重他人的行为。善于退，不是我不如他人，而是与人方便，与己方便的做法。遇事"退"是极为明智的，因为"退"等于为"进"打下了基础；"让"和"退"与舍和得有着异曲同工的作用。

满院菊花

人生在世，如果每个人都能做到无私的给予，那么，我们生活的环境就会温馨很多，快乐很多。

不要总想着"别人能给我什么"，应时时想着"我能给他人什么"，人只有懂得给予、懂得分享、懂得报恩的人生，才是有意义有价值的人生。

老方丈住在山上的寺院里好多年了。周围的人们都很敬佩他。

有一年，老方丈出去带回来几株菊花，让弟子们把菊花种在院子里。菊花越长越多，三年后，院子里开满了菊花，香味一直传到了很远的地方。来寺院烧香的村民们在欣赏了满院子里的菊花后，都禁不住赞叹一番："好美的花儿啊！"

有一天，山下的村子里有个村民觉得这菊花太香太美了，就想要在自己家的院子里也要种上几株。于是开口向老方丈要了些菊花来种，老方丈高高兴兴地答应了他，并亲自动手挑了几株开得最艳、枝杆最粗的花，连根须一起挖出送交给那人。

消息很快传开了，几乎所有的村民都来要花，老方丈满足着每个人的愿望，帮助每个人挑选花，挖出来送给人家。没过几天，院里的菊花就都被老方丈挖出来送人了。

弟子们忍不住对老方丈说："本来我们这里应该是满院花香的，现在都送给别人了，我们什么也没有了，你这么大方干什么呀！"

老方丈笑着告诉弟子们："这样不正好吗？你们想想，这些菊花长在我们院子里，香味只在我们的院子里。但把花送给大家，三年以后，就会是满村的菊香了啊！"

弟子们听完老方丈的话，明白了老方丈的用意，脸上露出了笑容。

现实中，很多人都喜欢选择索取，总希望别人为自己做点什么，甚至认为别人为自己所做的是理所当然的。但对于给予者来说却恰恰相反，他们把为别人着想，愿为他人付出作为自己义不容辞的事，并将此当成一种生活习惯，认为帮助他人、自动付出是一件很平常的事情，他们认为给予能带来快乐，尤其是真诚地给予，还是一种高尚的行为。

第四章

感谢生活

人的一生只有昨天、今天、明天三天。

学会低头，懂得敬畏，保持积极向上的态度，生命才会加大宽度，人生才会焕发出精彩。

"三天的人生"

人生只有三天，昨天，今天，明天。因此，我们不能虚度每一天。我们每天都应抱持着奋发向上的精神努力奋斗，让生命加大宽度，让生活呈现出精彩，在有限的时间内做更多有益的事。

人的生命只有一次，对每个人都是公平的。而时间的流逝，是不以任何人的意念为转移的。因此，活在"今天"即"当下"，是一种全身心投入人生的生活方式。

现实中，很多人并不专注于"今天"，总是想着明天甚至明天以后的事，他们拼命追逐着那些并不现实的事情，忘记了真正的满足不是在"以后"，而是在"此时此刻"。还有些人总是怀念过去的辉煌，或是后悔以前做过的事，这也都是毫无意义的，因为昨天毕竟过去了。对于昨天，正确的做法是成功的事不去自夸，失意了的事也不后悔，因为昨天毕竟回不来了。

一个青年去问老师："您生命中的哪一天最重要？"

老师不假思索地答道："今天。"

"今天，为什么？"青年问。"今天发生了什么惊天动地的大事？"

老师回答："到目前为止，今天什么事也没有发生。"

青年不解："那您觉得今天重要是不是因为我的来访？"

老师回答："即使今天没有任何来访者，今天对我也仍然重要，因为今天是我所拥有的唯一财富。昨天不论多么值得回忆和留恋，它都过去了，不再回来；明天不论多么让人期盼，它还没有到来；而今天不论多么平常、多么一般，它都属于我，由我自行支配。"

青年还想问，老师制止了他："在谈论今天的重要性时，我们已经浪费了我们的'今天'一部分时间，我们拥有的'今天'也已经减少了许多时间。我们不要再谈论什么了，你赶快回去吧，不要去想昨天的事，也不要去想明天会怎样，做好你现在的事吧。"

青年若有所思地点点头，走了。

人有时很奇怪，明明幸福就在身边，自己却浑然不觉，无论别人投来多少羡慕眼光，仍去"眼红"他人，于是幸福只好从他们身上"溜走"，剩下的他们只是不停地抱怨时间的流逝，以及自己为什么不走运。

昨天、今天、明天这三天中，"今天"是我们唯一能掌控的。因此过好"今天"的每分每秒，不让时间在无谓事情中溜走是最为关键的；而对"明天"，既不要去妄想，也不要去预支，更不要去恐惧、担心；而昨天，就让它过去吧，因为昨天再已复制不出来了。

立足"今天"，因为生命中的"今天"真的很重要。

人生短暂，人的每一天都非常宝贵，不要轻易去浪费时间，更不要随意去虚度年华。时间不能存储，不能预支，不能转账，时间一分一秒地在流逝，逝去的时间不会重来。

无畏无悔

当一个人珍惜自己的过去，珍重自己的现在，乐观自己的未来，便是站在人生的最高处了。

真正的勇者，脚踏实地按梦想去做，"无畏"向前；而在遭遇了困难、坎坷、失败后，会吸取经验，"无悔"过去。

儿子准备离开家乡，走前，父亲拉他到院中，拿起一根树枝在沙地上写下两个字："无畏"。

父亲对他说："人生四字秘诀，先给你一半，带着这两字吧，足够你出去闯荡用的。"

儿子虽不太理解，但仍然点头走了。

20 年过去了，儿子已经有了一些成就，当然也添了不少伤心事，写信给父母亲，他马上要回家了。

谁知，儿子到家才知父亲几年前已经去世了，母亲取出一个信封交给他，说："这是你父亲生前留给你的，打开吧！"

儿子很惊讶，接过来拆开封套，只见里面赫然写着两个字"无悔"。

儿子顿时百感交集，回想自己 20 年来的所得所失，竟然全在父亲的四个字之内。

很多时候，人生就像是一个买了单程车票的旅途，想回头也回不了。故而只能向前走。

人的一生要经历很多事情，有成功的，有失败的；有遗憾的，有美好的；有值得称道的，也有后悔不及的。但是，时光匆匆飞逝，失败的事、不美好的事、遗憾的事、后悔不及的事，谁也无法回头重新开始。而过去做得再好、再成功、再完美、再不后悔的事情也只能永远留藏在心里，想复制再造都很难，就像再美的花终有凋落的一天，再好的心情也有失意的时候。

每个人都有自己的梦想，不管是大是小，要实现，必须有战胜困难、迈过坎坷的决心，即"无畏"；每个人都要永远前行，在这个过程中，挑战自我，拥有坚如磐石的信念，即"无悔"。而人经历了"无畏无悔"，就会永远立于不败之地。

拐杖不能取代强有力的双脚，即使跌倒了，也要自己站起来，不要去害怕，不要去悔恨，永远向前，直至生命终结。

开锁

忠厚老实是为人处世的"通行证",人只要存忠厚老实之心,才不会存欺诈害人之念。

老实、厚道,是一个人必须要努力取得的。不然,人生路上,诱惑一个接着一个,就会管不住自己,甚至会身败名裂。

有一个无锁不能开的老锁匠,想将最后开锁保留的绝活传给两个徒弟中的一个,于是他决定测试一下两个徒弟。

他搬来两个柜子,一人一个,两个徒弟很快都打开了。

老锁匠问两个徒弟看到了什么。

徒弟甲两眼放光,兴奋地喊道:"里面有好多钱!"

徒弟乙说:"我只按照你的要求开锁,并没注意看里面有什么。"

老锁匠当即决定把开锁绝活传授给徒弟乙,因为他忠厚老实,他心中有一把"锁",能够"锁"住邪念和贪欲。

做老实人,办老实事,不是说说而已,是要守住自己内心道德底线的。人要自己设一个底线,底线是指自己在各个方面不能突破的红线。底线体现的是一个人的气节和操守,也是一个人价值观和人生观追求的表现,守住底线,就会守住自尊;失去底线,就会沦为低俗人格的"奴隶"。

人的底线，主要包括在思想上是否是健康的、进步的，道德上是否是高尚的、纯洁的，行为上是否是遵纪守法的。一个人不管是在思想上、道德上，还是在行为上都必须坚守住自己的底线，如果在思想上、道德上，还是在行为上碰触了底线，做人做事就会失去准则，而随着底线的防不胜防，一破再破，人的腐败堕落就会一发不可收拾。

人们常说"千里之堤，毁于蚁穴。"小小的蚂蚁都可造成长堤坍塌，倘若人不设底线，就会失去约束，造成不可控的局面和结果。

做忠厚老实之人，做诚心诚意之人。

真的扫干净了

水不加压，上不了高山，人不加压，难以成才。

人都有惰性，只是程度不同，像懒散、拖延、马虎、不认真、得过且过等等，都是惰性的表现。人生如逆水行舟，不进则退，人要常常给自己"施压"，如果没有压力，往往会放松对自己的约束或者常以"习惯"来迁就自己，对"应该做"的事也大多采取敷衍草率的态度。

有一师父，凡遇徒弟第一天进门，必要安排徒弟做一例行功课——扫地。

一次，又新来一小徒弟，师父仍叫他"扫地"。

过了些时辰，小徒弟来禀报，地扫好了。

师父问："打扫干净了？"

徒弟回答："打扫干净了。"

师父再问："真的扫干净了？"

徒弟想想，肯定地回答："真的扫干净了。"

谁知，师父沉下脸，说："好了，你可以回家了。"

徒弟很奇怪，"怎么回事，为什么不收我了？"

师父回答："是的，是真不收了。"

师父摆摆手，徒弟只好走人，不明白这师父怎么也不去查验查验就不要自己了？

原来，这位师父先在几个犄角旮旯处悄悄丢下几枚铜板，看徒弟能不能在扫地时发现。但凡那些心浮气躁，或偷奸耍滑的后生，都只会做表面文章，才不会认认真真地去清扫那些犄角旮旯处的。因此，也不会捡到铜板交给师父的。

师父正是这样"看破"徒弟，或者说，看出徒弟的道德"破绽"——如果他藏匿了铜板不交，那错误就更大了。不过，师父还没遇到过这样的徒弟。因为马马虎虎的人是不会认真地去做别人交付的事情的。

成功与失败往往一步之遥。而这一步却很关键，有的人开始时很认真，但却不能坚持；还有的人一开始就不认真，更别提后面有什么成就了。人认真还是不认真，是负责还是不负责，是努力还是不努力……这一切的一切，不是说说的，是真要做出来的，是要严格要求自己，无论是思想上还是行动上。

很多人认为投机取巧或是敷衍，外人看不出来，这种糊弄他人的行为实际上是糊弄了自己。一个对自己要求不严格、不自律的人，是干不成事的，也是成功不了的。即使事情能做成，质量也不会高，或者不会出新。

衣服上有了破洞，需要缝补；而一个人德行上出现了"破洞"，则需要加强修养才能来弥补。为人处世，只有时时处处严格要求自己，才能使自己的道德品质完善，才能成为一个被别人认可的人。

盖房

俗话说：欲速则不达。人做事一定要力戒浮躁，不能急于求成，尤其不能取投机心理，更不能取碰运气之态，想要"一口吃个胖子"，急功近利，结果只会是事与愿违，因为急于求成，人会失去清醒的头脑，失去耐心、理智，失去干事的"认真"、"负责"。

凡成功者，对待事情，无论大小，均全力以赴，不找借口，从头至尾认真、负责任。认真、负责是一个人做事的基础，也是成事的基础。人失去了认真、负责精神，就失去了成功的机会。

有一个老木匠，因为敬业和勤奋深得老板的信任。老木匠年纪大了，他告诉老板说，自己想回家和家人一起共度晚年。

老板虽然十分舍不得他走，但看他去意已决，还是成全了他，并希望在他走之前能够再帮自己盖一座房子，老木匠答应了。

老木匠归心似箭，心早就不在房子上面了，因此用料没有平时严格，做出的活也完全失去了平时的水准，比如一个地方应三天完成，老木匠马马虎虎一天就完成了，老板看在眼里，没说什么。

房子盖好了，老木匠向老板告辞。老板送给他一样东西作为给他的离开礼物——一把钥匙，并且告诉他说："您最后盖的就是我送给您的房子，您为我工作了这么多年，这是我送给您的最后礼物！"

老木匠愣住了，满脸的悔恨和羞愧。他这一生盖了许多漂亮坚固的房子，最后却为自己造了这样一座马虎粗糙的房子。

这个故事令人深思，一个人做事光有技术还不行，做到尽力也不行，只有做到竭尽全力、用心做事、认真负责才可以。责任是做人的良知，人要培养自己有责任的意识，这种责任意识既是对自己负责，也是对他人负责。

古人说：不打无准备之仗，说的就是做事前要把准备工作做好，做时心中有数，能够游刃有余，而贯穿做事始终，认真负责是关键。

责任面前，没有借口。

感谢生活

生活中，常见人们会拼命追求一些东西。而一旦得到了之后，发现拼命追求的东西并没有那么高的价值，于是开始不珍惜，不爱护，或随意丢弃，或草率处置。而等到失去之后，又会感到失落，于是唉声叹气，抱怨不断。

天使遇见一个画家，画家年轻、英俊、有才华且富有，他的妻子貌美而温柔，家庭也还富裕。但他却感觉过得不快乐。

天使问他："我能帮你做点什么吗？"

画家对天使说："其实我什么都有，就是感觉没有幸福，你能够给我幸福吗？"

天使犯难了，幸福一词太宽泛了，哪些才是画家要的"幸福"呢？

天使想了一会儿之后，有办法了。他把画家现在所拥有的都拿走：拿走他的才华，毁去他的容貌，夺去他的财产和妻子的性命。

瞬间，画家变得衣衫褴褛，且饥饿难耐。

半个月后，天使再将拿走的一切还给了画家。

这次，画家搂着妻子，不停地向天使道谢。画家终于明白了，尽管生活中会有一些令人不满意的地方，但十全十美是没有的。因此珍惜已有，感激生活，才是对待人生的态度。就如现在，他知道什么是真正的幸福了。

人要学会感谢生活，不要总抱怨自己拥有的太少，盘点一下自己现今的生活，你会发现，在同等条件下，你已经很幸运了，你拥有的正是许多人梦寐以求的！

生活没有十全十美、让人百分百满意的事，世间很多东西，往往在失去后，才会显现出它的宝贵。因此，不要用挑剔的眼光去看待任何人或事，要用欣赏的眼光去看待生活中的一切。

人要感激生活，这种感激不是表现在简单的得到与失去的关系中，而应实实在在发自于内心，即我能活在这个世界上，我就要感谢生活，尽管生活中会有一些不令人满意的地方，甚至很多，但仍要感激生活，因为人活在世上，是生活让生命有了灵魂，有了生存的意义。

人在顺利时，感谢生活、感恩生活往往能够做到，因为感觉比别人幸运、幸福；在遭遇不顺利或逆境时，就会埋怨生活对自己的不公平、不公正，于是怨天尤人、满腹牢骚！殊不知，处于不顺利或逆境时更应该感谢生活、感恩生活。

抓住机遇不松手

人的一生中，有许多机遇，抓住了，就抓住了；没抓住，瞬间就消失了。当然，机遇大多伴随着风险，要抓住机遇也要有抓住风险的勇气。

人们常说：不能因为山路崎岖就不去登顶，不能因为行船危险就不去出海。机遇尽管伴有风险，但却是一个人发展、成熟、迅速走向成功的桥梁。君不见，有的人把握住了机遇，成功了；有的人未能抓住机遇，和机遇擦身而过；还有的人创造机遇，捕捉发展成长的机会；更多的人在机遇面前表现出瞻前顾后、犹豫不决，让机遇凭空溜走。

有一天，玉皇大帝召集了所有的动物聚在一起吃饭。吃完饭后，玉皇大帝取出了一双翅膀："我有一样东西想要赐给各位，如果你们谁喜欢这件礼物，就可以把它拿走放在背上。"

动物们一听有礼物可领，便争先恐后地挤到了玉皇大帝的面前。但是当他们看到放在地上其貌不扬的一对翅膀时，不禁面面相觑，心想，把这么笨重的东西放在背上，不累死才怪呢！

于是，许多动物在看了翅膀一眼后，纷纷回到座位上。最后，一只身单力薄的小鸟走过来，看了看地上的翅膀，心想，玉皇大帝应该不会亏待我们，所以这个看起来笨重的东西，或许真的是一种恩赐，一种能帮助我们的东西。

小鸟把地上的翅膀捡起来，放在背上。过了一会儿，小鸟轻轻地试着挥动翅膀，没想到不但感觉不沉重，反而还轻盈地飞了起来。

玉皇大帝笑着说：此对翅膀不仅可以助你上天入地，还可助你遨游天际。

许多动物目睹此景，心中后悔也来不及了。

俗话说，成事七分、机遇三分。机遇对人是公平的，机遇可以说是"运气"，可以说是"贵人"，有"运气"、"贵人"相助人能迅速达到自己的目的、愿望，像一些词语：借鸡生蛋，借船出海、借网捕鱼、借东风等等，都是借"机遇"成事的典型表现。这里的"借"，就是借势、借物、借人、借财。

一个人出生时，贫富贵贱，会有些不公平，但成长时机遇是相等的。机遇也是偏爱有准备的人，因此，当你面对机遇，如果抓得快，抓得准确，做事往往会有事半功倍的可能。在凡夫俗子眼中，机遇是成功者幸运的"护身符"。的确，有些人确实有"运气"，命中有"贵人"。但更多人的"运气"、"贵人"是自己从事物发展中找寻到的，他们紧紧抓住它，让它为自己服务，促使自己做成大事。

机遇与风险也是并存的，所以人要有风险意识，在抓住机遇时还要对风险有应急的方法。机遇与风险比例一般为各50%，当然有时机遇多一些，有时风险多一些；但无论如何，抓住机遇、尽量不让风险发生或能规避风险则是智慧的表现。

画画

信念是支撑一个人最根本的支柱，也是一个人能成功的关键要素。正确的、积极的、向上的信念会打败自身中错误的、消极的、自卑的信念，促使人不断向着正面的、积极的方向努力。

坚守信念可以创造奇迹，甚至会使匪夷所思之事成为事实。

有个画家，画了好多年的画，与他同龄的人，有些画技不如他的人纷纷被人称为大师、著名画家，而他的作品只是偶尔得个小奖，因而他每日仍辛苦作画，赚取画作卖后辛苦的费用。

一天，画家烦了，他扔了画笔，心说：这么多年辛苦画画，总不见长进，莫非我不是这块料？他跑去找自己的老师，向他诉说自己的烦恼。老师听后，给了他一幅自己家里放着的画，要他拿到市场上，并立个牌子，上面写明：请您在画上圈上认为画的不好的地方。

这个人拿着画摸不着头脑走了。他把画拿到市场，按老师吩咐，将画放了一天，晚上再去拿时，发现画已成了"花瓜"，上面东一处，西一处画着圈，已看不出原来的模样，而这个画家认为画作精彩之处现在也被画上圈。

画家拿去给老师，老师接过画什么也没说，又拿起家里放着的与

之前一模一样的另一幅画递给他，说明天将这幅画放在市场，如上幅画一样如法炮制，写上请圈上不好的地方。

这个人拿着画摸不着头脑又走了。第二天他把画拿到市场，按老师吩咐，将画放了一天，晚上再去拿时，依旧发现画已成了"花瓜"。上面仍是东一处、西一处画着圈，画已看不出原来的模样，而这个画家认为画作好的地方现在也画着圈。画家拿去给老师。

老师接过这幅画，又拿过昨天那幅画，对画家说，"你看同一幅画，说好的有，说不好的也有，你认为好的地方，别人认为不好，你认为不好的地方，许多人却认为好。这就是生活常态。好与不好没有定论。人与人欣赏角度不同，审美水平不一样，理解不一致，就会产生不同看法。所以做任何事，关键之处是你的态度。你对自己自信，你就会认为自己是成功的人，你对自己不自信，你就会认为自己是不成功的人。"

老师说完，随手又拿过一幅构图简单的静物油画，对画家说："这是我一个学生画的入门之作，以我们专业人士来看，它很简单，技法也很稚嫩。现在你找个人将它拿到市场去卖，但无论是谁来买都不卖。"画家又摸不着头脑走了。

画家派人去卖画，但第一天、第二天，直到第五天都没有人来问价，很多人在画前匆匆走过，偶有人扫视一眼画作，问一问价钱。画家听说后，赶紧去找老师，老师笑着说："继续放在市场不卖。"

大约第八天后，又有人问价，此后不断有人想买。画家听说后，去找老师，老师说："不卖。"

半个月后，这幅画已能卖到一个不错的价位了，画家又去找老师，老师说："拿到拍卖会上去吧。"结果这幅画在拍卖会上被一个富商以较高价买走。

画家对老师的这一系列行为很是不解，向老师询问，老师说："人与画是一样的，如果你认为自己普通，自己平凡，那就在普通中、平凡中生活，你不会认定自己会成功；相反，如果你认为自己是一个可塑人才，而且坚定地认为，那么通过自己的努力，你就会成为可塑之人，你也会最终成功。"

是的，人认为自己应该成为一个怎样的人，比认为自己是什么样的人更为重要，因为认为自己是什么样的人，往往就以为自己是这样的人，无须努力；而认为自己应该成为一个什么样的人，往往会树立目标，并坚持行动，直至达成这个目标。

世界上有成功的人，也有平凡的人。这是因为成功者不自卑，而平凡者多少带有不自信和对自己估计不足的倾向。这种不自信和对自己估计不足严重影响了一个人向上和努力的脚步，甚至会拖人下滑，直至滑入生活的谷底。

低头才能看清脚下的路

大凡人立身处世，都懂得不能太争强，太好胜。让一招、退一步、低低头是常有的事。学会低头，懂得敬畏，是最高的做人境界。因为把自己放低，就会懂得内敛与谦和，不仅会赢得他人敬重，还可与他人和谐相处。

很久以前，有个年轻人一心一意要学画画，他走遍大江南北，想找一个名师，但几年过去了，年轻人仍然没有找到一位能够让他心满意足的老师。

后来他终于找到一个名师，他告诉名师，自己走南闯北几年来，见到的许多名师都是徒有虚名，有些名师的画技甚至不如他呢。

名师听了，淡淡一笑说："我其实技法也很一般，但颇爱搜集一些名家精品。既然你的画技不比那些名家逊色，就烦请你为我留下一幅墨宝吧。"说罢，便吩咐助手拿了笔、墨、砚和宣纸。他希望年轻人能给他画一个茶杯、一个茶壶。

年轻人欣然同意，铺开宣纸，寥寥数笔，就画出了一个倾斜的茶壶和一个造型典雅的茶杯。那茶壶的壶嘴正徐徐吐出一注茶水来，注入茶杯中。

年轻人问名师："这幅画您满意吗？"

名师微微一笑，摇了摇头说："你画得确实不错，只是把茶壶和茶杯放错位置了，应该是茶杯在上，茶壶在下呀。"

年轻人听了，笑道："大师为何如此糊涂，都是茶壶往茶杯里注水，哪有茶杯在上、茶壶在下的？"

名师微微一笑说："原来你懂得这个道理啊！你渴望自己的杯子里能注入那些丹青高手的香茗，但你总是把自己的杯子放得比那些高手们的茶壶还要高，香茗怎么能注入你的杯子里呢？"

确实，涧谷因为低下，才能容纳百川入流；人要把自己放低，才能接受吸取他人的智慧和经验。一个人在走路时要不时低头朝下看路，不然就会被脚下的"坑坑洼洼"绊倒，甚至掉进"陷阱"之中。

当今，能低头看"路"的人越来越少，很多人认为自己无所不能，因此不把脚下的"路"看在眼中，常有人因此而"跌跤"、"摔跟头"。其实人生之路，无时不在变化，"小坑小洼"常有，"大坑大洼"也能见到，所以，只有经常"低下头走路"，才能避免"路上的大小陷阱"，人生之路走起来才会更顺当。

"低头"、退让不是"妥协"，不是忍气吞声，委曲求全。暂时的"低头"、退让是审时度势，蓄势待发，是为了更好地把事做好。

苦尽甘来的茶

人有多大能力办多大事，想要办大事，一定要苦练内功，提升自己。

有一天，一个屡屡失意的年轻人千里迢迢来到普济寺，找到高僧释圆，沮丧地对他说："人生总不如意，干什么都不顺手，活着也是凑合着，没什么意思。"

释圆高僧静静听完年轻人的叹息和絮叨后，吩咐身边小和尚说："施主远道而来，烧一壶温水送过来。"

不一会儿，小和尚送来了一壶温水。释圆高僧抓了把茶叶放进杯子，然后用温水沏了，放在茶几上，微笑着请年轻人喝茶。杯子冒出微微的水汽，茶叶静静浮着。

年轻人不解地询问："您怎么用温水沏茶？"释圆高僧笑而不语。年轻人喝一口细品，不由地摇摇头："一点茶味都没有。"

释圆高僧说："这可是名茶铁观音啊。"年轻人又端起杯子品尝，然后肯定地说："没有一丝茶香。"

释圆高僧又吩咐小和尚："再去烧一壶沸水送过来。"

过了一会儿，小和尚提着一壶冒着浓浓水汽的沸水进来。释圆高僧起身，取过一个杯子，放茶叶，倒沸水，再放在茶几上。年轻人俯首看去，茶叶在杯子里上下沉浮，丝丝清香不绝如缕，望而生津。

年轻人欲去端杯，释圆高僧拦住，提起水壶继续注入沸水。茶叶翻腾得更厉害了，一缕缕醇厚醉人的茶香袅袅升腾，在禅房里弥漫开来。释圆高僧这样注了五次水，杯子终于满了，那满满的一杯茶水，端在手上清香扑鼻。

释圆高僧笑着问："施主可知道，同是铁观音，为什么茶味迥异呢？"

年轻人思忖着说："一杯用温水，一杯用沸水，冲泡的水不同。"

释圆高僧点头："你观察得很细。用水不同，茶叶的沉浮就不一样。温水沏茶，茶叶轻浮水上，怎会散发清香？沸水沏茶，反复几次，茶叶沉沉浮浮，才能释放出四季的韵味：既有春的幽静、夏的炽热，又有秋的丰盈、冬的清冽。也就是说，沏茶的水温度不够，想要沏出散发诱人香味的茶水不可能。世间处事，和沏茶是同一道理，你自己的能力不足，要想处处得力、事事顺心自然很难。因此，想摆脱失意，最有效的方法就是苦练内功，提高自己的处事本领。"

年轻人茅塞顿开，回去后刻苦学习，虚心向人求教，后来果然大有作为。

生活中每个人都会遇到各种各样的不如意，如果不修炼内心，不提高做事能力，总是沉浸在不如意中，那自己就会烦恼，因此，对待不如意一定要找出根源所在，要把不如意修炼得"如意"，这样烦恼、不安就会很快过去，此外，要不断提升内在修养，不断提高自我能力，不过于追求完美，做事就会越来越顺手。

生活亦如一杯茶，须经过煮沸晾凉，才能品味其中味道。

上善若水

水是自然界中最伟大的力量。人要像水一样能屈能伸，既要努力适应环境，也要努力改变环境对自己的影响，从而超越束缚自己的一切。

灵活变通是适应社会的简单法则。当环境无法改变的时候，最明智的做法就是改变自己。有个年轻人在社会上打拼了几年，总是感到不得志，一天到晚牢骚不断，都是他人不对、自己运气不好、没人帮扶、奋斗不见成效等怨气。心情日渐烦躁郁闷，家人怕他钻牛角尖，再生病，于是向他推荐了一位镇上最具智慧的老者，说他能帮助年轻人解决问题。

年轻人兴冲冲找到老者，向他倾诉了自己的苦恼。老者沉思良久，走到水桶旁，舀起一瓢水，问："这水是什么形状？"

年轻人摇头说："水哪有什么形状？"

老者不答，把水倒入杯子，年轻人恍然大悟地说："我知道了，水的形状像杯子。"

老者没有回答，又把杯子中的水倒入旁边的花瓶，年轻人又说："我知道了，水的形状像花瓶。"

老者摇头，轻轻提起花瓶，把水倒入一个盛满沙土的花盆中，只见清清的水一下子融入沙土，不见了。

看着眼前的情景，年轻人陷入了沉思。

老者抓起一把沙土，说道："看，水就这么消逝了。"

年轻人思索了好一会儿，高兴地说："我知道了，您是想通过水的例子告诉我，社会就像是不同的容器，人应该像水一样，盛进什么容器就是什么形状。而且，人还可能在一个规则的容器中消逝，就像这水一样，消逝得无影无踪，而且一切无法改变！是吧。"年轻人看着老者的眼睛，急于得到老者的回答。

"是这样，又不是这样！"老者说完，带年轻人走出屋子。

两人站在屋檐下，老者示意年轻人和他一起蹲下身，老者先用手在青石板的台阶上摸了一会儿，停住，让年轻人把手伸过来。老者拉着年轻人的手伸向刚才他手指所触之处，年轻人感到有一个小坑，他很是不解，不知道这表面看来本是平整的石板上的"小窝"里藏着什么玄机。

老者说："一到雨天，雨水就会从屋檐落下，看，这个凹处就是水滴落下长期打击造成的结果。"

年轻人说："我明白了，人可能会被装入规则的容器，但又像这小小的水滴，能改变坚硬的青石板，直到破坏容器。"

老者说："对，这个窝几百年后将会变成一个洞。"

年轻人说："我找到答案了。"

老者微笑了："年轻人，任何事物的答案都是变化的，不要想这想那，给你个建议，学学水，像水一样，适应环境，改变环境，去闯吧。"

年轻人告别了老者，从此，他不再抱怨，而是以积极乐观的心态处事，失败了，从头再来；成功了，也不骄傲，几经历练，最终找到了属于自己的位置。

在很多时候，一个人相信自己行的时候，就会感到自己行；反之，总认为自己什么都不行，即使想干事，还没干心理上就认为已经"失败"了。人与人的智商水平都是差不多的，但能适应环境、不惧环境，挑战自己，就能干出"大事"来。

人要有些韧性，像水一样，在必要时缩一缩，再伸一伸，直一直，弯一弯；太直来直去，易受挫折，而唯有伸缩，才能面对刚硬的事物不受挫。

社会有其固定规则，但人却是可以变化的，"变"是人应付"不变"的最好法则。

思路决定出路，观念改变命运。思路对，就会柳暗花明；思路有问题，就会"山重水复"。而观念正确，思想就会正确，反之，就会走向歧路。

十只羚羊

　　有些人在做事的过程中，常常会犯"只见树木，不见森林"的错误，即不能站在全局立场上正确对待出现在自己面前的各种问题，只会一味固执地以一种方式去解决。而成熟的人却以辩证的眼光看问题，处理问题也会灵活多样，他们不去计较解决问题的方式、方法，在他们看来，只要有好结果，方式、方法可以适时变通，也因如此，他们总是更容易成功。

　　有只狮子建议 9 只野狗同它合作猎食。它们打了一整天的猎，一共逮了 10 只羚羊。

　　狮子说："我们得去找个英明的人来给我们分配这顿大餐。"

　　一只野狗说："一人一只，就很公平。"

　　狮子听了很生气，立即将它打昏在地。

　　其他野狗都吓坏了，其中一只野狗鼓足勇气对狮子说："不！不！我兄弟的意思是，如果我们给您 9 只羚羊，那您和羚羊加起来就是 10 只，而我们加上一只羚羊也是 10 只，这样我们就都是 10 只了。"

　　狮子满意了，说道："你是怎么想出这个解释的？"

　　野狗答道："当您冲向我的兄弟，把它打昏时，我就立刻增长了这点儿智慧。"

太平洋中有一种名叫马嘉的鱼，游动时一旦认准目标，便会勇往直前，它们拒绝变通，因而常被渔民捕获。所以想想我们过去的所作所为，自己是不是"马嘉鱼"呢？

灵活变通说白了就是一种能够转弯、能够大胆突破、能够随机应变的智慧。灵活变通不是圆滑，不是世故，更不是"委曲求全"。

长期以来，许多人囿于固有的思维模式，不敢打破成规，不敢寻求新路，更不敢创新。试想古代司马光如果不砸缸救人，而是等着想办法，缸内小孩就会被水淹死。因此，司马光在凭一己之力不能解决的当下，灵活变通、打破惯常思维，把缸砸了，才将危险局势化险为夷。所以，当你无路可走时，或遇到危难之事时，打破惯常思维，跳出"棋局"误区，就能找到一条解决问题的新思路。

钓鱼

想让别人对你微笑，就先微笑对待他人，想有更多的人爱自己，就先去爱别人；想交更多的朋友，就真心地对待身边每一个人……

西方有句话说因为你为他人打伞，他人才会为你挡风。

两个钓鱼高手一起到鱼池垂钓。这两人各凭本事，一展身手，不久，都各有收获。忽然间，鱼池附近来了十多个人。看到这两位高手轻轻松松就把鱼钓上来，不免有几分羡慕，于是都去附近买了钓竿来试试自己的运气。没想到，这些不擅此道的人，无论怎么钓也是毫无成果。

那两位钓鱼高手，个性不同。其中一人孤僻而不爱搭理别人，单享独钓之乐；而另一位高手，却是个热心、豪放、爱交朋友的人。

热心、豪放、爱交朋友的这位高手，看到周围的人钓不上鱼，就说："这样吧！我来教你们钓鱼，如果你们学会了我传授的诀窍，而钓到的鱼多了时，每十尾就分给我一尾，不满十尾就不必给我。"

双方一拍即合，很快达成了协议。

一天下来，这位热心助人的钓鱼高手，把所有时间都用于指导周围垂钓者，傍晚时竟然获得满满一大箩筐鱼，还认识了一大群新朋友，同时，左一声"老师"，右一声"老师"地被包围着，备受尊崇。

而另一位钓鱼高手，却没能享受到这种助人为乐的乐趣。当大家

围绕着其同伴学钓鱼时，那人更显得孤单落寞。闷钓一整天，傍晚时检视竹篓里收获的鱼，竟远没有同伴的多。

得与失与取舍之间其实关系是相通的，都符合辩证统一的范畴。生活中若一味地想着索取，那么，人将活得孤独；倘若懂得"先予而后取"的道理，那么，朋友就会遍天下。

因想要从别人那里得到什么，就先给予别人一些东西吧。

"过客"

在我们的生命中，不断地有人离开或进入，我们无法控制，即使是时间也无法改变这些，但是，我们可以用自己的心去珍惜自己生命中存在过的人或事。

我们与每一个人的相遇都是一种机缘，无论长久相处还是短暂相聚，抑或一段时间相交，我们都要珍惜，珍惜生命中这些"过客"。

一天，一个中年妇女见自己家门口站着三位老人，便上前对老人们说："你们一定饿了，请进屋吃点东西吧！"

"我们不能一起进屋。"老人们说。

"为什么？"中年妇女不解。

一位老人指着同伴说："他叫成功，他叫财富，我叫善良。你现在进屋和家人商量一下，看看需要我们当中哪一位？"

中年妇女进屋后和家人商量决定把善良请进屋。她出来对老人们说："善良老人，请到我家来做客吧。"

善良老人向屋里走去，另两位叫成功和财富的老人也跟着进来了。

中年妇女感到奇怪，问成功和财富："你们怎么也进来了？"

"善良是我们的兄弟，兄弟在，我们也必须在，因为哪里有善良，哪里就有成功和财富。"老人们回答说。

其实就像这成功和财富这两位老人说的那样，任何人获取财富或得到成功都是以善良为前提的，一个人如果永葆善良的心，善待生命中曾出现的每一个人，珍惜他们，其实也是在善待自己，珍惜自己。

善待生命中每一个与你擦身而过的人，善待自己，你的人生将了无缺憾。

第五章
真正的富有不是靠"占有"得来

　　人的一生是劳动的一生，是靠双手创造的一生，靠不劳而获，靠他人施与，都不是得到财富的正确道路。

天知、地知、你知、我知

要想人不知，除非己莫为。

慎独是中国古代文人提倡的一种情操、一种修养、一种自律、一种坦荡。

所谓"慎独"，是指人在独自活动无人监督的情况下，凭着高度自觉自律，按照正确的道德规范行动，不做任何有违道德信念、违背做人原则的事。

慎独是提升一个人道德修养的重要方法，也是评定一个人道德水准的关键性环节。

东汉有个叫杨震的人，在做荆州刺史的时候，他的治域内有一个叫王密的人，很有才能，杨震发现后，便极力向朝廷举荐。后来朝廷下诏委任王密为昌邑县令，而王密因此也对杨震心存感激，并一直想找机会报答恩公。

过了几年，朝廷因杨震为官期间奉公守法，政绩斐然，调任杨震为山东东莱太守。在赶赴上任的途中，杨震路过昌邑，便顺道去看望一下王密。王密非常热情地招待了他。

等到晚上夜深人静的时候，王密独自一人来到杨震下榻的驿馆中去拜访。两人互相寒暄一阵之后，王密从怀中掏出一个布包，对杨震说：

"学生能有今天，全仗恩师栽培，这几十两黄金，不成敬意，还望恩师笑纳。"

杨震听完之后，感到十分惊讶，他严肃地说："当初我之所以向朝廷推举你，是因为看你很有才学，也认为你很懂礼。但从今天这事看来，你并不了解我，还是赶紧收起来吧！"

王密以为杨震不收，是怕人知道坏了名声，于是凑近杨震耳边低声说："恩师尽管放心，现在天黑了，没有人会知道的，您就放心的收下吧。"

一听这话，杨震脸色立刻变了，他斥责王密道："你送黄金给我，自有天知、地知、你知、我知，怎么能说没有人知道呢？自古以来，君子慎独，意思是说即使在独自一人的时候，也不要去做有违于自己良心或让自己有愧的事。我希望你不要让我后悔我对你的推荐！"

王密顿时羞愧难当，急忙起身谢罪，收起黄金走了。据说经过这次的事件后，王密后来也成为了一个十分廉洁的官员。

因为"自有天知、地知、你知、我知"这句话，后世有"震畏四知"一语。杨震把自己的书房命名为"四知堂"，他不仅对"慎独"有深刻的理解，同时还身体力行，可谓自觉自律。他本人也被后人誉为"四知先生"。

古人有"瓜田不纳履，李下不整冠"的训诫。意思是当一个人经过瓜田时，鞋子掉了，最好不要弯腰去捡，否则会被人认为是偷瓜；在经过李子树下时，即使帽子被树枝碰歪，也不要伸手整理重戴，以免被人误以为摘李子。这就是"瓜田李下"的成语之源来。

"瓜田李下"同杨震"四知"故事一样，都是要求人在没有监督的环境中自觉自律。

酷爱下棋的留守

在日常生活中，我们要做到时时检点自己的行为，从待人到律己都要注意维护自己良好的声誉，保持心灵的纯净善良，显示自己的清白人格。

人都有"趋利"之心，但"不义"获得的"利"绝不能拿。人与人相处要诚实，因为在相处过程中他人太容易观察我们的一举一动、一言一行了。而这些我们认为是"小节"的行为其实往往代表了我们内心深处的思想。就像人在走路时，很怕鞋子里进沙子，因为一粒微小的不能再小的沙子，它也会妨碍我们走路。

小事成就大事，细节决定成败，很多时候，人会因为一个小小的不经意得到"升迁"机会，也会因为一个小小的细节不注意，错失成功的时机。

唐朝元和年间，有个留守名叫吕元应。平日他酷爱下棋，养有一批下棋的食客。

吕留守常与食客下棋。他规定，谁如赢了他一盘，出入可配备马车；如赢两盘，可携儿带女来门下投宿就食。

有一天，吕留正守在庭院的石桌旁与一食客下棋。俩人激战犹酣之际，卫士送来一叠公文，要吕留守立刻处理，吕元应便拿起笔翻阅批复。

下棋的食客见他低头批文之状，认为他不会注意棋局，迅速地偷换了一个子。哪知，食客的这个小动作，吕元应看得一清二楚。他批复完文件后，不动声色地继续与食客下棋，食客最后胜了这盘棋。

食客回到住所后，心里阵阵欢喜，以为这吕留守肯定会按他规定的那样提高自己的待遇。

第二天，吕元应携来许多礼品，请这位食客另投门第。其他食客不明其中缘由，很是诧异。吕元应儿子、侄子也不明白，认为吕元应说话不算数，问吕元应，吕元应笑而不答。

十几年之后，吕元应处于弥留之际，他把儿子、侄子叫到身边，谈起许多年前下棋的事，说："他偷换了一个棋子，赢了棋我倒不介意，但由此可见他心迹卑下，不可深交。你们一定要记住这些，日常生活中容易暴露一个人的小节，而从小节可看一个人的品德，所以交朋友要慎重。"

吕元应积多年人生经验，深觉棋品与人品密不可分。

小事显示人的品德。在日常生活中，你的一言一行、一举一动都是别人衡量你人品的尺码。所以，不能不谨小慎微地恪守正直无私、光明磊落之高尚品德。另外养成自律、不怕吃亏的品质是也极为重要的。

合抱之木，生于毫末；九层之台，起于垒土；千里之行，始于足下。细节虽小，有时却能反映事物的本质，一个人对自己的小毛病、小问题不以为然，或不加以克服、改正，长期任其发展，终有一天会毁掉自己的一生。

见微知著，一叶知秋。棋品如人品。做人实际上是做人品。

检举弹劾原因

人在社会中，要有人格，有尊严，这是做人起码的原则。尊重自己的人格，不把自己当作物品进行交易买卖，学会自律，学会自己治理自己，自己管理自己，自己控制自己，尤其是要学会在没有他人在场和监督下的自我约束和自律。

孔子说：不义而富且贵，于我如浮云。

人平日所受的诱惑太多了，人在诱惑面前如何保持和不断加强自身的品德修养，尤其是要保持高尚的品德，是极不容易的。这靠什么，靠自律。

有个南昌人，住在京城里，做着国子监的助教。一天，他路过延寿街，看见一个正在点钱买《吕氏春秋》，的年轻人，手中的一枚钱掉在地上，南昌人走过去用脚踩住了钱，等那人走后，他就弯下腰把钱捡起来。谁知旁边坐着个老头子，忽然站起来问南昌人的名字，冷笑两声就走了。

后来南昌人得到了江苏常州熟县尉的职位。他打点好行装，准备上任，并去巡抚府门口递了一张名帖以求通报。

当时，汤潜庵正担任江苏巡抚，这人求见了十多次，巡抚都不肯见他。此后，官府里的巡捕传下汤潜庵的命令，叫这个人不必去赴任，原因是他的名字已经挂进了被检举弹劾的公文里了。

这人大惑不解，便问是为什么事情而被弹劾的。人家回答说："是因为贪污。"

这人想，自己还没到任，哪里会贪污呢，肯定是搞错了，于是就想当面解释一下。

巡捕将此事禀报了汤潜庵后，再次出来传达到："你难道不记得当年在书铺里的事了吗？你当秀才的时候，尚且爱那一文钱如命；现在你运气好，当上了地方官，那你还不把手伸进人家的口袋里去偷，成了戴着乌纱帽的小偷？请你马上解下大印走吧。"

这人才知道，当年问他姓名的老头，竟是这位汤老爷。他于是惭愧地辞官而去。

当官还没上任就被弹劾，也算是一件出人意料的事。

这个故事可以给那些贪图小利、行为不检的人作个劝诫吧。人在任何情况下，都要检点自己的行为，保持良好的道德。

古人说：于国而言，"德者，国之基者，"于社会而言，"德者，民之信也"。于个人而言，"德者，才之帅也"。一个人在做任何事时都要把高尚的人品放在首位，反之，就会失掉人格和操守，让他人看不起。

做人就是做品德。"德教为先，修身为本。"人成功有两种意义，一种为名利上的成功，一种为人格上的成功，前者是短暂的，成功的光环让人羡慕；后者是持久的，成功的光环让人尊敬。而后者才是做人真正意义上的成功。

人在有人时做到自律比较容易，因为人都爱"面子"，但在少人或无人时就往往不太注意，甚至做不到自律。而真正的自律是在有人无人时都能约束自己，严格要求自己，能够做到：该干的干，不该干的绝对不干。

刘秀烧信

人们说比天空还要辽阔的是人的宽容。

宽容的含义很宽泛，不仅仅是指不会去对伤害你的人报之以拳脚，宽容的最高境界是以德抱怨、化敌为友。人在生气、愤怒时施以拳脚当然可以得到一时的快感，但自己也会受到伤害，同时解决不了矛盾还会使受施者怀恨在心，伺机报复；而用宽容对待伤害你的人，他人会因你的宽容或和你前嫌冰释或惭愧自检或改过自新，而你也会有好心情，这岂不是互利互惠的结果吗？

西汉末年，王莽篡政，建立了所谓的新朝。登上帝位后，他便加紧清除异党，并大肆杀害刘姓子孙。他的各种倒行逆施终于引发了各地的农民起义，绿林、赤眉农民起义便是其中的主力军。在南阳的刘姓后裔刘秀兄弟也来投奔起义军，共讨王莽。由于刘秀作战勇敢，率军有方，在多次与王莽军队的战斗中，都能大败王莽军，以此赢得了起义军的尊崇，被封为"萧王"。

有一次，刘秀战胜敌军之后，占领了敌方的城池，部下军士从城里搜出来很多信件，都是刘秀这边的士兵通敌的证据，部下请刘秀把他们一一查出来加以严惩。

可是刘秀笑了笑说："他们以前通敌，是因为怕我会被打败，连

累他们。现在，我军胜利了，他们也就不用再担心了，我为什么还要去严惩他们呢？"于是，命人一把火把这些信件烧了，大火烧了好长时候，通敌士兵的心也都随着这把火安定下来了，他们见刘秀如此宽宏大量，于是就越加忠心了，在后来的战斗中，都相当勇敢。

在这个故事中，刘秀因为宽容，赢得了属下人的忠诚效命，后来刘秀能夺取天下，登上帝位，建立东汉王朝，与他心胸开阔、目光长远、善待下属有直接关系。所以说，宽容是一个人成功的催化剂。

善待他人的过失，给予理解和尊重，自己也能获得他人的尊重和信任。因此，当我们想要指责他人时，一定要从他人所犯的过失中看到好的一面，宽以待人；而发现自己有问题则要深刻反省，严格思过，发现错误立即改正，平时还要养成时时反省的习惯，没有过错也要小心谨慎，做到有则改之，无则加勉。

每个人都会犯错，犯错，很多情况下是不可避免的，犯错伤及他人更是经常有的现象。因而，当他人因犯错伤害了你，是向他人怒目相向，大打出手；还是报之以真心，宽容他人？换位思考，你就能做到宽容了。

宽容不会失去什么，相反会得到他人的心，自己的心也会平静。

与人方便，与己方便

谦让表面上看是吃亏了，但事实上所获得的远比失去的要多得多。就像弹簧拉紧，是为了弹的更高，谦让久了，自身的修养、品格也会得到提高。

故事发生在清代康熙年间，当朝宰相张英的老家在安徽桐城县。一年，其家人想要翻盖房子，可是地界紧挨着隔壁的名医叶天士家，叶家要求张家在盖房子的时候，两家中间要留出一条路以方便出入。但是张家反对，他们拿出地契，说地契白纸黑字写明了是"至叶姓墙"，现在按照地契打墙有什么不对？就算要留条路，也应该两家各自后退几尺才行。

这真是公说公有理，婆说婆有理，在相持不下之际，张家人写了一封信寄给在朝为官的宰相张英，希望靠他身份、地位压压叶天士家。张英接到信后，没多说什么，只在信上写下四句诗：

一纸书来只为墙，

让他三尺又何妨。

万里长城今犹在，

不见当年秦始皇。

张家人收到回信，看到这四句诗，明白了张英的意思，于是就派

人去叶家告诉叶天士，说张家准备明天拆墙，并后退三尺让路。叶家人起初还不相信，等看到张英的这四句诗才感动万分，他们觉得既然张家能如此宽宏大量，自己家也应该有所表示，于是就回复张家，说他们也愿意把自家的墙拆了后退三尺。

就这样，在张、叶两家房子中间就人为地多出了一条六尺宽的巷子。后人为了纪念张叶两家这一段佳话，就把这个故事称为"六尺巷"，这条巷子一直留存到今天。这可以说是古人对谦让之风的一种传承。

谦让是一种美德，它不仅可以有效地调节人与人之间的各种矛盾，还能够和谐整个社会的风气，多一些关怀而少一些剑拔弩张之势。

《菜根谭》上说："路径窄处，留一步与人行；滋味浓时，减三分让人尝。"谦让是一种修身养性的好方法。比如，在狭窄的道路上，两人相遇，让别人先过，还是自己后退，这是考验两人谁的谦让境界高的试金石。

谦让之人不仅具有谦谦君子之风，而且被谦让之人因为谦让之人的礼让而从内心由衷生出"谢谢"之意。所以与人方便，实则为与己方便。人若为了一己私利，不顾他人的做法，只会引起矛盾、纷争，弄僵人与人之间的关系。

不以物喜，不以己悲

人生旅途中，没有什么比轻松愉快的心境更可宝贵的了。因此乐观地面对现实，努力地进行奋斗，保持良好的心态，即使贫穷也会快乐一生。

有一个叫吴隐之的人，是魏晋时期的濮阳郡人。他当官好几十年了，周围的很多官员都像走马观灯似的在宦海中浮沉，或大起大落，或匆匆过往，而且就连皇帝也换了好几个。

俗话说"一朝天子一朝臣"，可是，吴隐之却能够稳坐"钓鱼船"，在官场数十年中，一直身居要职，并且步步高升，官运亨通。在很多人看来，他就是运气好，其实不是这回事。

晋隆安年间，吴隐之被朝廷选派为龙骧将军，任广州刺史。

在广州任职期间，吴隐之表现得非常廉洁奉公，他与当地百姓约法三章，不妄取百姓的一分一毫，而是勤俭持家。这样，经过吴隐之几年的治理，广州一带民风淳朴，物产丰饶，百姓们安居乐业，达到了大治的局面。

晋孝武帝统治的时候，曾经在淝水之战中立下大功的谢石被封为卫将军，他听说了吴隐之廉洁奉公的为官操守后，就奏请皇帝让他来将军府做主簿。

有一天，谢石听说吴隐之的女儿要出嫁了，他想吴隐之一向都是

清廉俭朴，婚嫁之事必然会简单了事，于是，就想帮帮他。他派使者带了很多东西到吴家去帮忙，使者到吴家门口的时候，恰巧碰到一个小丫头牵着一条狗往外跑，而院子里什么动静也没有。

使者心里很纳闷，还以为是走错了门呢，于是，就喊住了这个小丫头，问她："这是吴主簿的府上吗？"

小丫头回答道："是呀！"

使者又问："贵府小姐要出嫁了吗？"

小丫头答："是呀！"

使者又朝门里扫视了一下，大感不解，自言自语地说："怎么如此冷清？"

小丫头不明白他在说什么，便向他摆摆手说："对不起，我要卖狗去了！"

使者急忙喊道："别跑，卖狗干什么？"

小丫头冲他笑笑说："不是告诉您老了吗？我家小姐要出嫁，等钱用呢。"说完就跑了。

使者听完大吃一惊，根本不敢相信自己的耳朵，发了一下呆，转身回了将军府，向谢石将军报告了这件事。谢石听后，感慨万千，直夸吴隐之廉洁奉公。

吴隐之能够很好地控制自己的欲望，不贪婪，安于清贫，是因为他知道欲望的尽头仍是欲望。

人要以一颗平常心去面对生活，面对社会。清朝诗人倪元坦写有一首著名的诗，就形象地描绘了人生百态：别人骑马我骑牛，自觉无言叹不如，君试回头一察看，道旁还有赤脚汉。

"不以物喜，不以己悲"是范仲淹的名句，更是对事对人的最好态度。"人的经历多了，就会在得意之时安然，失意之时坦然，艰辛曲折之时不抱怨，而历尽沧桑后更会越加淡然。"

真正的富有不是靠"占有"得来

人生很多无谓的烦恼，都是由于自身"占有心理"所引起的，如果很多时候，面对"占有问题"，能够退后一步，那么，就会减少很多不必要的烦恼、争执以及矛盾纷争。

宋朝有一个叫杨玢的人，他本是朝廷的尚书，因为年纪大了，退休在家过着闲居的日子。毕竟是当大官的家庭啊，他们家的房子很大很多，院子几进几出，杨家人丁兴旺，是一个四世同堂的大家庭。

有一天，杨玢照往常一样，在书房看书，忽然几个年轻人慌慌张张地跑进来，门也没敲，打断了杨玢读书的兴头，这几个人正是杨玢的子侄，还没等杨玢发话，他们几个就大声地说："不好了，我们家的旧宅地被邻居侵占了一大半，您老快出去，找他们算账，不能轻饶了他们。"

杨玢没有责备这几个子侄的不懂礼貌，平静地问："不要着急，来，喝口水，慢慢说，邻居家怎么侵占我们家的旧宅地了？"

子侄们齐声回答道："他们扩大院子，占我们荒弃的旧宅地。"

杨玢点点头，接着问："那你们说，是他们家的宅子大？还是我们家的宅子大？"

子侄们不知道他问这个是什么意思，都异口同声地回答道："自然是我们家的宅子大了。"

杨玢又问："那他们占我们家些荒弃的旧宅地，对我们有什么影响？"

子侄们回答道："现在看是没有什么影响，但毕竟是咱们家的地呀，他们不讲理，无缘无故地侵占我们家的地，与"抢"有什么区别呢。"子侄们一个个气愤不已。

杨玢笑了，捋着胡须，摇摇头。

安静的场面过了一会儿，杨玢把子侄几个领到室外，指着院内一片片枯黄的落叶，问他们："这些树叶长在树上的时候，枝条是属于它们的，可是秋天一到，树叶变得枯黄了，掉落到地上，那么这个时候，这些树叶又该怎么想呢？它们还属于那枝条吗？"

子侄们摸着后脑勺，不明白杨玢说的是什么意思。

杨玢见他们仍然不懂，就干脆地说："我现在都这么大岁数了，总有一天是要死的，你们也有老的一天，也有要死的一天，争那一点点的旧宅地对你们有什么用呢？"

子侄们听了，明白了这位家中长者的意思，也觉得他说的很有道理，于是就说："我们原本还想去衙门告他们呢，您看，状子都写好了，现在，听您老这一番话，是很在理，争这点旧宅地确实没有什么意义。"

子侄们把状子拿出来递到杨玢的面前，杨玢看后，拿起笔在状子上写下了四句诗：

"四邻侵我我从伊，

毕竟须思未有时。

试上含光殿基望，

秋风衰草正离离。"

写罢，他抬起头对子侄们说："我的意思是，在私利上人要能够看得透一些，遇事要退一步，不必斤斤计较。"

对待事物糊涂些，心胸开阔些，大度些，是一种境界。有些人认为看待事物淡然些，就是吃亏了，其实不然，这样能大事化小，小事化了。与人相处，经常以"难得糊涂"自勉，求大同存小异，有肚量容人，就会有许多朋友，且交往和谐，处事逢源；相反，处处"明察秋毫"，眼里容不得一点沙子，什么鸡毛蒜皮小事都要论个是非曲直，斤斤计较，得理不饶人，那么他人就会躲得远远的。

人有七情六欲，遇到不良刺激时，难免情绪波动。如果任情绪失控，就可能不计后果冲动行事。因而学会控制，学会忍耐，学会理智处理问题，就是产生智慧办法对策的过程。

真正的智者

　　人都喜欢追求物质享受，不希望吃苦受累历经磨难，但人生却不会让人总身处"享受"温床之上，更多的是让人吃苦受累、历经磨难。

　　有些人身处艰苦环境，心胸反而变得豁达宽广，态度积极向上，不自暴自弃；有些人身处享乐环境，心胸却变得自私狭隘，整日沉迷于斤斤计较，谋取更多功名利禄之中。

　　东汉时期著名的隐士严子陵，从小与光武帝刘秀是同窗好友。

　　刘秀登上帝位，成为历史上有名的汉光武帝后，非常想念严子陵这位好友，他派人到处去寻找严子陵，然而，天下之大，怎么也找不着。于是，刘秀想了一个办法，他命宫中的画师根据自己的描述，把严子陵的容貌给画出来，让人复制了许多份，颁发天下，令各地官吏帮忙寻找。可是，过了好长时间，仍然是毫无消息，刘秀显得非常着急。

　　而严子陵一直都很关注刘秀，知道他登上帝位，一定会找他去当官。但严子陵喜欢大自然青山绿水的生活，他隐姓埋名，在浙江富春山中过着隐居的生活。

　　有一天，一个农夫上山砍柴，发现有一个人正独自坐在河边钓鱼，觉得这人很面熟，好像在哪见过似的。回到镇上，看到一群人围着不

知道在干什么，他上前去，发现墙壁上挂着一幅画像，这幅画像镇上房前屋后墙上挂了许多，农夫早就看过，但今天再看，画像上的人正是他在溪水边看到的那人。他不识字，就问旁边的一位书生，这人是干什么的，书生告诉他，这是当今皇帝的好友，因皇帝苦于无法寻找，只好张挂画像，满天下地寻找。

农夫听了，喜不自禁，他扔下柴担，不顾一天的劳累，飞也似的跑到衙门，把他在溪水边见到严子陵的情况告诉了县太爷，县太爷带人立即前去，到了溪水边的时候，他们确实看到了一个钓者坐在溪水边钓鱼，他们走到跟前，问道："是严子陵严先生吗？"严子陵回答道："你们认错人了，我只不过是一个普通的钓鱼人。"县太爷看他实在跟画像上的人长得很像，便不管三七二十一的派人把他强行推进了官车，然后快马加鞭地朝京城方向赶。

到了京城，刘秀一见，喜不自禁，特地为严子陵准备了住处，严子陵住了进去，每天都是山珍海味，还有很多仆人为他服务。但严子陵对于这些却不屑一顾。

朝中还有一个人，也是刘秀、严子陵的旧时好友，他的名字叫侯霸，侯霸依仗刘秀关系此时已是朝中的大司徒，官居一品。侯霸一听严子陵到了京城，便马上写了一封信派人给严子陵送去，信中满是对严子陵的问候之情。

严子陵接到信后，看了一眼就扔到一边了。侯府下人见严子陵如此，就恳求说："严先生，请您给我家大人写封回信，我回去也好有个交待。"

严子陵觉得有道理，命仆人取来笔墨纸砚，写道："君房先生，你现在做了朝廷的大司徒，这很好。如果你帮助君王为人民做了好事，大家都高兴，如果你只知道奉承君王，而不顾人民死活，那可千万要不得。"写完，就让侯府下人拿回去了。

侯霸看了信，又听了下人的描述，说严子陵如何如何不把他放在眼里，顿生怒色，恨恨不已，并把这些话报告给了刘秀，满以为皇帝会替他说句好话，谁知刘秀却说："他就这脾气。"

一天，刘秀看望严子陵，严子陵躺在床上对此毫不理睬。刘秀进门后，看见他这副情景，也没有恼火，走过去用手轻轻地拍了拍严子陵的肚子，亲切地说："老同学，念念旧情，帮我一把，好吗？"严子陵说："人各有志，你为什么一定要逼我做官呢？"刘秀听后长叹了口气，失望地走了。

后来，刘秀封严子陵做谏议大夫，但严子陵却不肯上任，坚持回到富春山中过他的隐居生活，刘秀拿他没有办法，只好随他去了。

严子陵对富贵功名毫无眷恋之心，宁愿终身与青山绿水为伴，在古代是一种安贫乐道的心态。

安贫乐道，并不是让人放弃一切高远的目标，安于现状，不与贫困抗争。引申而说，安贫，是让人对目前的处境不要抱怨，应该泰然处之，乐道是说人要在贫困的处境中心态安然，并促使自己更加奋发向上。

闲看花开花落是一种人生，日思夜想赚取更多财富、博取更高地位，也是一种人生。孰好孰坏，没有定论。世间没有绝对的大好之事，也没有绝对的不好之事。人应更多地关注自己内心需要什么，尽量不受外人或外物影响。

紧锁的大门

人们常说：成功殿堂的大门，不是任意通行的，每一个进入者都要拥有自己"制造"的钥匙。这个"制造"的过程，就是挖掘自身潜能，释放自身能力的过程。

心有多大，舞台就有多大，想成功的人，有时需要有异想天开的思维。因为如果总是畏首畏尾，不敢大胆争取，就不会有突破；如果行事过于谨慎，瞻前顾后，缺乏魄力，事情也不会有大的进展；还有如果思虑过度，教条行事，也会限制潜能的释放，阻碍才能的发挥。

有人说：想出新创新的人，在他的方法没有成功以前，别人会说他是异想天开。但异想天开确实是梦想开始的源泉，人的潜能是巨大的，需要被异想天开的思维所开掘，否则潜能会被固步自封所埋藏。

两个儿子大了，很有钱的父亲老了。

父亲一直在苦苦思索，到底让哪个儿子挑起继承遗产的重任，同时还能发扬光大自己的家业呢。

一天，父亲突然灵机一动，找到了测试儿子们的好办法。

他锁上家门把两个儿子带到一百里外的一座城市里，然后给他们出了道题，谁完成得好，就让谁承担继承遗产的重任。

他交给俩儿子一人一串钥匙、一匹快马，看他们谁先回到家，并把家门打开。

马跑得飞快，兄弟俩心也随着马蹄奔跑，终于兄弟两个几乎同时到家。

但是面对紧锁的大门，两个人犯愁了。

哥哥左试右试，苦于无法从一大串钥匙中找到最合适的一把；只好一把一把地试，弟弟呢，则苦于没有钥匙着急地转圈，原来，他刚才光顾了赶路，钥匙不知什么时候掉在了路上。

两个人一个开锁开得满头大汗，一个没有钥匙急得满头大汗。

突然，弟弟一拍脑门，有了办法，他找来一块石头，把哥哥推到一边，几下子就把锁砸了，他顺利进去了。

自然，遗产继承权落在了弟弟手里。

当你从来没有期望自己能做出什么了不起的事来，就会把自己限制在自我设定的"圈子"中。人一旦进入"圈子"，想要找到突破口是非常难的，有时需要"异想天开"的智慧。

嫦娥奔月是中国古老的神话传说，在古人看来是异想天开，但今天人类确实登上了月球；牛郎织女的故事让牛郎借助神牛飞上了天，在古人看来也是"异想天开"之事，但今天飞机令世界各地的距离大大缩短却是不争的事实；所以做个敢于打破常规、发掘潜能的人吧，世界的精彩会展示在你面前。

人生的大门是没有钥匙的，在命运的关键时刻，人最需要的不是墨守成规，等着天上掉"钥匙"，或中规中矩地配"钥匙，然后一把一把地尝试，或去想方设法"换锁"。面对人生的大门，有时需要异

想天开，打破自我束缚，找一块砸碎开门障碍的利器，抑或"石头"
抑或别的什么东西。

第六章
寻找真实的自己

　　每个人都有自己的人生选择，但最重要的，是找到真实的自己，这样才能创造自己生命的"乐章"。

人的一生要轻载

日子是自己过的，别人是替不了你的。有些人认为自己过得不幸福，生活平淡，单调，日复一日；有些人"眼红"他人生活，总觉得他人活得光鲜亮丽，生活多姿多彩；还有些人认为奢华富贵生活最好，于是日思夜想，盼自己成为奢华富贵生活中的主角。

其实，生活的本质是真实，太过牵强的过上了奢华富贵的生活，过久了会牵累人的精力，会让人腻烦，相反，平平淡淡真实的生活才能散发出持久的幸福。

一位功成名就的人自从出名之后，总是感觉忙得不能再忙了，于是他向自己的老师提出了问题。

"我自从出名后就觉得越来越忙，人感觉越来越累。"

老师问道："你每天都在忙些什么呢？"

这人如实回答道："我一天到晚忙于交际应酬，演说演讲，接待各方找我的人，同时还不忘干点自己的事。唉！我觉得时间不够用。"

老师打开衣柜，对学生说道："我这一辈子买了不少衣服，你将这些衣服都穿在身上，就能从中找到答案。"

这人说道："我穿着自己身上这身衣服就足够了，再多穿无益呀。况且将这些衣服都穿在身上，我会感到很沉重的，会极不舒服的，也不堪重压。"

老师说道："这个道理你明白呀，那你为何还来问我呢？"

这人一脸迷惑。

老师说道："你不是已经知道你穿着自己身上的衣服就已经足够了，再穿上过多的衣服，便会成为'包袱'，压得你喘不过气，你会觉得不舒服。所以说，你本是一个普通的人，不是一个交际家，也不是一个演说家，更不是一个政治家，为何要同时去扮演交际家、演说家、政治家这些诸多的角色呢？你这不是自找苦吃、自找罪受吗？"

这人听后恍然大悟，他说："每一个人都只能追求属于自己的东西，做自己力所能及的事情，这样才能得到真正的快乐和幸福，人生才会轻松愉悦啊！"

人的一生，想要得到的东西实在太多，但有些东西能得到，有些东西就得不到，有些东西得到太多，会压得人喘不过气。因此知道什么东西对自己是重要的才是关键。人一旦被欲望所控制，就会产生虚荣心，偶有虚荣心十分正常，但过多的虚荣就不是美丽的光环，而是一顶带刺的荆冠。因此，放下心中多余的"欲望"，抛开羁绊，寻找真实的自己，做自己力所能及的事，"得"对自己有用的东西，就不会觉得"喘不过气"了。

生命就像一条船，这条船是承载不动太多的物欲和虚荣的，因此，要想继续扬帆，不在中途搁浅或沉没，就必须轻载。人要时时整理自己的心灵，放弃过多的"欲望"，战胜多方的诱惑，控制内心不断滋长的虚荣"幼芽"，多奉献，少索取，才能真正享受人生。

有舍有得

人的一生不是多多益善的一生，是有舍有得的一生。

人的一生是选择的一生，也是放弃的一生。

很多人的主要缺点之一，在于只想拥有，不知道如何放弃。缺点之二，拥有了不舍得放弃。

有个年轻人，多才多艺，但真正的学业却一直没有太大的进步，他非常苦恼，一天，他请自己老师来给自己指点迷津。

老师见到他后，并没有说什么，先请他大吃一顿。桌子上摆满了许多美味佳肴，大多是这个年轻人从未吃过的。开始吃饭了，年轻人迫不及待，不顾老师在旁，舞动着筷子，每一道菜都不放过。越吃越香，以致忘记了应有的礼貌。当用餐结束后，他已吃得十分的饱。

饭后，老师问："这顿饭不错吧，你吃的都是些什么味道？"

年轻人一愣，他想了想，很为难地说："各种滋味，已难分辨。"

老师又问："那你可否吃得舒服、满意？"

年轻人答道："满意，不过不太舒服。吃得有些多，有些撑。"

老师笑了笑，没有说什么。

第二天，老师邀年轻人一同登山。当他们爬到半山腰时，那里有

许多晶莹漂亮的小石头。年轻人很高兴，边走边捡喜欢的石头并放入背包中。很快背包满满的，他行动慢了下来，但又不舍得丢掉背着的那些石头。

老师看在眼里，对年轻人说道："扔下石头吧，如此我们怎么能登到山顶呢？"

年轻人望着山顶，顿时明白过来，立即扔下石头，轻盈地向山顶攀登。

下山后，老师对年轻人说："术业有专攻，要想在某一方面得到专长，必须舍弃其他的一些"旁支"，就像吃饭，如能分出滋味，就会令你回味，就像登山，轻装攀登，就会很快登顶。否则，一心二用或一心多用，顾此失彼，哪方面都做不好。"

年轻人拜别老师，几年后终于事业有成。

人的一生，路要一步一步走，饭要一口一口吃。

一个人有再多的想法，也需要择其一而做，如果做一做二做三，多头行动，不仅一做不好，二、三也会做不好，反而打击了专心做事的信念。一个人眼光不能太短浅，只看眼前，不看长远，成功都是实干出来的，也就是一心一意、专心致意所为。

生命的进程就像参加一次旅行，首先列出清单，决定行囊里该装些什么才能帮助自己到达目的地，但更重要的是，要学会不时清理行囊，看看什么该扔，什么该留，什么该添，对行进路上的"诱惑"也要能抵御，能阻止，能说"不"，这样才能保证自己旅行顺利到达目的地。

底线

荀子《劝学》有言：不积跬步，无以至千里；不积小流，无以成江海。世界上不存在不打地基就可建造的空中楼阁，也不存在当翅膀不够硬时就能展翅高飞的鸟。

做任何事情，之前的准备工作都是要做得很充足的，比如勤奋、刻苦、努力、量力而行，等等。人一时发奋靠蛮力，有时也能做出成绩，但要保持长久却不容易。很多成功者之所以事业有成就在于他们的努力是持之以恒的，是坚持不懈的。

有一位武林高手居住在山中。山外很多想习武的人都慕名找他。有一天，几个人来到深山的时候，发现高手正从山谷里挑水。他挑得不多，两只木桶里水都没有装满。按他们的想象，高手应该能够挑很大的桶，而且水也应挑得满满的。

他们不解地问："师傅，你为什么不挑满水，既然挑水，挑多些，难道非得一次次再去挑，这是什么道理？"

高手说："挑水并不在于挑多，而在于挑得够用，挑得量力而行。"

高手从人群中拉了一个看上去膀大腰圆十分强壮的人，让他重新去山谷打满两桶水。

那人挑得非常吃力，摇摇晃晃，没走几步，就跌倒在地，水全都洒了，膝盖也碰破了。

高手扶起那个人，说："山路崎岖，走路平衡不好掌握。你看水洒了，岂不是还得回头再打吗？膝盖破了，又影响走路，你还得注意走稳，再看看桶里留的水，不是比我刚才挑得还少吗？"

那些人面面相觑，然后问："那么师傅，请问具体挑多少，你怎么估计你挑的分量，又怎么估计够用呢？"

高手笑道："你们看这个桶。"

众人看去，桶里划了一条线。

高手说："这条线是底线，水绝对不能高于这条线，高于这条线就超过了我的能力和需要。两桶内线下的水，正好够我一天使用，多了就浪费了。水不能存留太多时日，会不新鲜，每天用每天打，水也干净。我也能把挑水当作习武练习。还有这条线也是我轻松挑水的底线。起初我挑水还需要看这条线，挑的次数多了以后就不用看桶中线了，凭感觉就知道是多是少。这条线提醒我，凡事要尽力而为，要量力而行。"

众人又问："那么底线应该定多低呢？"

高手说："一般来说，看个人能力，我认为开始时起点越低越好，就像低的目标容易实现，人的勇气不容易受到挫伤，相反会培养起更大的兴趣和热情，长此以往，循序渐进，自然目标就会定高了，就像挑水，平地挑水是一种挑法，山路挑水是一种挑法。量力而行，会挑得合适、挑得稳当。"

众人听罢，都暗暗佩服高手。从挑水看高手，再听高手说挑水，就能想象出高手之所以成为高手的经历了。

是的，人做事不可急功近利，须一步一个脚印，一个目标完成再设立一个目标，以脚踏实地的态度，做事才可能取得成功。而好高骛远，妄想一蹴而就，往往寸步难行，及至丧失信心。所以，凡事应该实事求是，量入为出，量体裁衣，否则会收到相反的效果。

在人生百味中，很多人都喜欢品尝甜的味道，然而更多人尝到的却是苦味。这是因为人生更多是先苦后甜。人只有先尝到了苦，再品尝到甜时，才会更加珍惜。实际上，人的一生是在不断失败教训中前进的，除非不做事，不行路，只要做事、行路，就会遭遇困难、坎坷。

人必须要品尝了百般滋味，经历了千般磨难，才能坦然面对幸福。人要学会在小事上打好基础，逐步积累做大事的经验。人生之路不是一马平川，经历坎坷风雨是很正常的。

心中"有路"，脚下"无路"

一个人无论年记大小，真正的人生开始，是从其设定目标背负使命开始的。目标，除了会给人生活的目的，还有更重要的目的，即让人活出生命的意义。

人有了目标，就有了前进的动力，反之，没有目标的人生，不过是在原地踏步、绕圈子而已。

在一座寺庙里，有一个小和尚，每隔几天，他都要去寺后很远的市镇上购买寺中所需的大件用品。而其他的小和尚则被派往村里的集市购买常用物品，路途平坦距离也近。但是，如果小和尚们一块出去，去村里的总没有去市镇上小和尚回来得早。

有一天，方丈问那几个去村里买东西的小和尚："我一大早让你们去买盐，路这么近，又这么平坦，你们怎么回来这么晚呢？"

那几个小和尚说："我们说说笑笑，看看风景，再休息休息，轮流背东西，慢慢走就到这个时候了。每次都是这样的啊！"

方丈又问去市镇那个小和尚："市镇那么远，你扛了那么重的东西，又一个人，为什么回来反而早些呢？"

去市镇小和尚说："我在路上总想着早去早回，尽管肩上的东西重，因为别无所想，所以走得稳走得快。现在，我已养成了习惯，心里只有目标，没有路了!"

方丈听后哈哈大笑，说："目标催人奋进啊!"

去市镇的小和尚就是后来著名的玄奘法师。他在以后西去取经的途中，虽历经艰险重重，但他心中的目标从来没有动摇过，直到最后的成功。

做事成功，必须先明确奋斗目标，只有目标深深刻印在头脑中，形成强烈的意识，才能促使人向着正确的方向不畏艰难，永远向前。

玄奘法师心中有"路"，所以脚下"无路"；而那几个小和尚心中"无路"，所以易受他物左右，只能任由时间飞快流逝。

人可以选择得过且过的生活，也可以选择让自己成功的生活。每个人都有自己的人生选择，确立目标、走向成功是因为你选择了不让生活选择你的选择。

野心

想一尺不如行一寸。

人的计划再多，不落实到行动上，就没有任何意义。只有行动才能缩短自己与目标之间的距离，只有行动才能把计划和理想变为现实。三思而不后行，想得再多也只是空想。人要有点"野心"，这是做事的前提，它会促使你将"心动"转化为"行动"。

唐太宗贞观年间，长安城西的一家磨坊里，有一匹马和一头驴子。它们是好朋友，马在外面拉东西，驴子在屋里推磨。贞观三年，这匹马被玄奘大师选中，从长安出发经西域前往印度取经。

17年后，这匹马回到磨坊会见驴子朋友。

驴子感慨地说："老兄，这么多年你做成了这么轰动的一件事情，真了不起啊，我是连想都不敢想！"

马说："老弟，其实我们走的距离是一样的。你在这里转圈拉磨是走，我在外面朝着目标也是走。不同的是，我同玄奘大师有一个共同的'野心'，就是无论如何也要完成取经的任务，所以能够锲而不舍、百折不挠地前进，最终完成了这千秋伟业。"

这个故事是个寓言故事，但形象说明了具有"野心"，就能够挑战自我，变"不能"或"不可能"为"可能"或"能"。

很多人在做事前，总会因害怕困难或失败，没有信心，顾这顾那，不敢去做，更别提有什么"野心"。

野心是什么，"野心"也是目标的一种，是理想，是梦想。有"野心"的人，往往具有强大的精神动力和旺盛的不服输的干劲，有"野心"的人，不怕风险，知难而上，历经人生考验关口，永不退缩，直至走向成功。

"野心"不是自不量力，不是"老子天下第一"。正常的"野心"是催人奋斗的前进动力。

做事情要有点"野心"，不要害怕"野心"的存在，"野心"不等于"贪心"，"野心"可以成就人的事业，而贪心最终会害了自己。

打猎

一心一用，说起来简单，做起来很难。真正用心做事的人，不论大事小事都会全力以赴，认真去做，负责去做，甚至做到最好。

一只狮子，捕捉一头大象时，会用尽所有的专注、敏捷与力量去捕捉；而当它捕捉一只兔子时，所使用的力量也是全身心的。这就是古语所说：狮子搏象，用全力；狮子搏兔，也用全力。真心做事的人总是尽心尽力，一心一用，且不论事情大与小，难与易。

人无论做任何事情，"三心二意"都是最大的障碍，因为三心二意，就不能把全部精力集中到要做的事情上。一个人，精力是有限的，如果做事心猿意马，想东想西，那么事情往往是做不成功的。

一位父亲带着三个孩子，到沙漠去猎杀野骆驼。

父亲问老大看到了什么？

老大回答："我看到了猎枪、骆驼，还有一望无际的沙漠。"

父亲摇摇头说："不对。"

父亲以相同的问题问老二。

老二回答："我看到了爸爸、大哥、弟弟，猎枪、骆驼，还有一望无际的沙漠。"

父亲又摇摇头说："不对。"

再问老三。

老三回答："我只看到了骆驼。"

父亲高兴地点点头说："这就对了。"

人生就像走台阶一样，必须一步上一个台阶。否则，一步上两个台阶，一步上三个台阶，或者边上台阶边看别处等等，刚开始还可以，时间长了就会跌跤、踏空。一个人同时有两个或多个目标去做，到头来哪个都会一事无成。正如追逐两兔，不如搏击一兔。

生活中，许多人很难做到一心一用，因为他们总是在利益得失中想来想去，产生千般想法和万般思量。他们常常因此而迷失自己，失去了平常心。而一心一用，才能够更好地用心去感受生活，体味生活的真谛。

解决问题往往从简单开始

很多人在处理事情时，过于谨慎，把许多简单、直观问题想象成了复杂、多变问题，甚至是无计可施的问题，这都是不对的。因为把容易的事想象成无比复杂的事，还未处理，头脑中就已经设了许多道解决不了的"防线"，就是尝试解决时，也会以复杂的想法、手段去面对。

其实，简单就是简单，复杂就是复杂，简单代替不了复杂，复杂用简单方法也解决不了。

有个经典的故事：

从前有个国王，与丞相做了个游戏，看他解决问题的方法。

国王将丞相带到一个相当舒适的地牢里，牢门上有一把暗码锁。

国王对丞相说："看看你自己能否出来。"

丞相仔细检查了那把暗码锁，计算了一下，认为有 28 万种可能的组合。他又计算出，按每分钟试一个暗码的速率，每天实验 8 小时，最多在 600 天后获得自由。

丞相精确地安排了试破暗码的计划，他挂起日历，一门心思地干了 599 天。最后一天的中午，他吃光了狱卒送来的便餐。

饭后，他高高兴兴地又继续工作。到了下午 4 点 59 分，只剩下最后一种暗码未拨动，他自信地微笑着，立即将最后一个暗码拨出来。

但是，锁没有被打开。他敲了敲锁，它锁得牢牢的。丞相无可奈何地靠在沉重的大门上，没想到，大门却慢慢地打开了。

他仔细察看了牢门，这时才发现，当他被关进来的时候，国王并没有让人把门栓插上，也就是说锁根本没有上暗码。要是丞相早知道这样，他第一天就可以走出牢门。

故事中丞相看问题没有从简单方式入手，没有打破固有的思维方式，即用眼去观察，用心去感悟，而是把"直线式"的思维方式改成带曲线的思考方法，弄巧成拙。人的思维有许多种，其中发散式思维解决问题往往比死板的、老套的方法要迅速、要有效得多。

人在做事中，有一点怀疑精神是十分必要的，敢于质疑自己解决问题的方式和方法，就能发现潜在或已存在的问题。

很多人总认为自己聪明，因而按着一种方式看问题，以为凭着自己的能力解决就可以了，并不需要怀疑精神和多想其他方法，即使碰壁，或花了许多时间和精力，走了许多的"弯路"，仍不去想想是否自己思维方式上有问题，直到醒悟过来，回头一看，其实简单方式就能解决问题，根本用不着设计诸多复杂的解决方式，走"直线"就行了，不用绕弯，也不用"上山过河"。

所以，当我们遇到问题的时候，不要被表面的困难吓倒，特别是感到自己无法解决或坚持不下去时，试着转换一下思路，尝试从最简便的若干方法开始，不行再试他法，而不是一门心思按既定的模式去做。

枯者任他枯，荣者任他荣

有人说，生活就像水冲茶，由浓至淡，由淡至无味，无所谓"好与不好"，只要自己不虚度人生，认识到生命焕发出的意义就可以了。

生活中，很多事情不能从表面上进行简单的比较，好、坏，完美、不完美都是相对而言。

药山禅师有两位弟子，一位叫云岩，一位叫道吾。有一天，药山在庭院里散步，两位弟子过来了，药山指着院子里的一棵长得很茂盛的树，以及旁边的一棵枯死了的树，对道吾说："这两棵树中是枯的好呢？还是荣的好呢？"

道吾回答道："荣的好。"

药山再问云岩道："你说是枯的好呢？还是荣的好呢？"

云岩答道："枯的好！"

这时，正好有一个庙里小和尚路过他们的身边，药山又以同样的问题问他道："你看这两棵树是枯的好呢？还是荣的好呢？"

小和尚头也未抬地说："枯者任他枯，荣者任他荣。"

药山说："说的好！树荣有荣的道理，树枯有枯的理由，我们平常所说的事物，都是从常识上去认识的，那只是表象而已，而这个小和尚却能从无分别的事物上去体会事物的无差别性，说得太好了。"

药山禅师所说的无差别性就是客观性，即人要保持一颗客观的心，这样对人对事的判断、评价就会公正、公平，就像心中没有私心，思想中就不会有各种庞杂的想法。

任何事物有其成长的条件，千人千样，千树千态。世界上也没有完完全全相同的两片叶子，因而，美好与不美好也就是相对而言。当然，以欣赏的心情，从积极的角度看待人或事物，常常能感受到生命带来的特殊意义；而以消极的角度、以无所谓的心态看待事物，即使眼前美景也会视而不见。

一个人的胸怀、气度、风范，可以从其细微之处表现出来，特别是处变不惊、遇事不乱，才是进入了一种从容淡定的境界。

再小也有它的价值

任何事物的存在都是有其存在的理由，此时无用，也许彼时有用；此地没用，也许彼地有用。况且，存在就有存在的价值，这是颠扑不破的真理。

现实中有很多看似无价值的事物，其实蕴藏着有用的因素在内，因此，不要轻易对某件事物下"有用"、"无用"的结论，存在就有存在的合理性，没有绝对的劣势，也没有绝对的优势，就像人从本质上说，刚生下来没有绝对的好与坏区分。

有这样一个寓言故事：

一天，一个人正弯着腰在院子里清除杂草，因为天气炎热，干着干着，他就汗流浃背了。

"唉，没用的杂草，没有你们，我就不必这么累了。"这人边干活边嘀咕道。

有一棵刚被拔起的小草，正躺在地上，它回答说："你说我们没用？也许你从没想到，我们是很有用的。我们把根伸进土中，等于在耕耘泥土，当你把我们拔掉时，泥土就已经是被翻过地了。此外，下雨时，有我们在，就能防止泥土被雨冲掉；干旱时，我们能阻止狂风刮起沙尘。我们是替你守卫院子的'卫兵'。如果没有我们，你根本就不可能享受种花、赏花的乐趣，你也不可能看到院子的整洁，没有我们，雨水会冲走泥土，狂风会将院子的泥土翻得满天飞……所以，我们是有用的。"

这人听了小草的话后，不禁肃然起敬。

无论什么生命，都有其不完美的一面，生命的精彩恰恰在于不完美、有缺陷。就像在与人交往中，必须正确看待人与人之间相互依存的关系，尽量做到和睦相处，扬长避短，团结一致。

现实中，有些人总是在无意中贬低自己，对自己存在的不足、缺陷整日自怜自艾，或者自暴自弃；还有些人总在指责他人，认为他人毛病一大堆，问题无数，似乎他人一无是处，这两种态度都是不可取的，有任何其中一种态度，都是对自己及对他人的不负责任。还有一种人，看不起别人，盲目地认为自己了不起，这更不对。金无足赤，人无完人，每个人都各有长处和短处，只容自己所短不容他人所短，这是不客观的。

因此，学会接纳自己，欣赏自己，经营自己的优势，除了会给自己的生命增值外，还会让生命绽放美丽。而学会善待他人，包容他人，也会让自己受到敬重，让他人受到鼓励；反之，就永远会被周围人拒之门外，落个孤家寡人的地步。

固然，有时别人的赞赏可以使你高兴一时，但要自己永远快乐，就要学会欣赏自己以及接纳别人欠缺的一面，发挥自己及他人的优势，放弃自己及他人的劣势，懂得"天生我们都有用"的道理，承载起生命的重任。

得意的时候不忘形

俗话说，"稻子熟了才弯腰"。真正的智慧总是与谦虚相连，真正的智者永远是谦虚谨慎，得意时不张扬忘形，失意时也不悲伤、一蹶不振。

春秋战国的时候，越国与吴国争夺霸主地位，吴王夫差在伍子胥的帮助下，击败了越王勾践，把越国的军队围困在会稽。

勾践手下有两位大将，文种、范蠡。文种献计勾践，让他派人去跟吴王讲和，并送厚礼笼络吴王及手下的大臣。这样，吴王就放过了勾践。勾践回国后，立志一雪前耻，他让文种帮他治理国家的内政，让范蠡帮他训练士兵，而他自己则低声下气地又回到吴国去给吴王当马夫，以消除吴王的戒心。

勾践在他睡觉的地方放着苦胆，被子则是用柴草铺成的，当他稍有懈怠的时候，他就尝尝苦胆，告诫自己勿忘前耻。这就是"卧薪尝胆"成语的由来。

这样，10年过去了，勾践在文种、范蠡两位大臣的帮助下，通过自己的卧薪尝胆，终于找到机会，一举灭掉了吴国，成为春秋时期的最后一个霸主。

勾践成功后非常高兴，因为多年的努力终于有了成果，他登上王位，坐在吴王的宝座上，准备对有功之臣论功行赏，他首先想到的就是文种和范蠡，他问范蠡想要什么样的赏赐，范蠡说："陛下，臣无尺寸之功，岂敢要陛下的赏赐，此次能够一举灭掉吴国，全赖陛下的威武和仁德，臣不敢乞望任何赏赐，只愿陛下能准臣卸甲归田，终日与山林为伴，以愉晚年，那将是陛下对臣最大的恩赐了。"

勾践见范蠡说得如此情真意切，也不好再说什么，就恩准了他的请求，并赐予他数百两金银，范蠡谢恩。

然后，勾践又问文种，文种却满脸欢喜地说："臣追随陛下灭掉吴国，此乃陛下洪福齐天，臣不敢有所奢望，只愿继续为陛下效劳，鞍前马后，在所不辞。"

勾践很高兴，封文种为丞相，掌管越国内政。

文种谢恩出来后，范蠡找到了他，问他得的是什么赏赐，文种告诉他勾践封他为丞相，还取笑范蠡为何不要封赏，而选择归隐。范蠡说："君大祸将至，尚不自知，狡兔死，走狗烹；飞鸟尽，良弓藏。越王只可同患难，不可共富贵。"文种听后不以为然。

后来，范蠡带着家人去了江浙一带，靠着自己的聪明才智，做起经商的事业来了，结果变得非常富有，被人称为"陶朱公"，即商人的始祖。

而文种呢？虽然做上了丞相的位置，但是勾践对他很不放心，最终找了个机会，把他处死了，文种到死才十分后悔当初没有听范蠡的劝告。

古语云："飞鸟尽，良弓藏；狡兔死，走狗烹。"中国历史上许多帝王在取得皇帝宝座后大杀功臣的做法，引起一代代人的深思。

在社会发展到了今天，生活中仍然有许多能同苦不能共甘的人，比如工作中有太多见功就抢、见过就推的人、事现象；家庭中有太多能同苦能同受难的夫妻，在一方富了之后，忘本变心，导致家庭解体，双方走向陌路等现象。

实际上同甘共苦、同舟共济是人类的美好品德，而过归己任、功让他人则是有高尚道德之人的所为。

而这一切需要人懂得进退，这才是有大智慧的人。

一叶障目

人的一生要遇到数不清的问题，有容易解决的，有不容易解决的，有的甚至要做出放弃的决定。在这个过程中，人如果一叶障目，不能全局考虑问题，就会犯顾此失彼的错误。

从前，楚国有个书呆子，家里很穷。一天，他正在看书，忽然看到书上写着："如果得到螳螂捕捉知了时用来遮身的那片叶子，就可以把自己的身体隐蔽起来，谁也看不见。"于是他想："如果我能得到那片叶子，那该多好呀！"

从这天起，他整天在树林里转来转去，寻找螳螂捉知了时藏身的叶子。终于有一天，他看到一只螳螂隐身在一片树叶下捕捉知了，他兴奋极了，猛一下扑上去摘下那片叶子，可是，他太激动了，一不小心那叶子掉在地上，与满地的落叶混在一起。

他呆呆地看了一会，拿来一只簸箕，把地上的落叶全都收拾起来，带回家去。回到家里他想：怎样从这么多叶子中找出可以隐身的叶子呢？

他决心一片一片试验。于是，他举起一片树叶遮住自己问他的妻子说："你能看得见我吗？"

"看得见。"他妻子回答。

"你能看得见我吗？"他又举起一片树叶遮住自己说。

"看得见。"妻子耐心地回答。

他一次次地问，妻子一次次回答。到后来，他妻子厌烦了，随口答道："看不见啦！"

书呆子一听乐坏了。他拿了"看不见"的那片树叶，来到街上，用树叶挡住自己，当着店主的面，伸手取了店里东西就走。

店主惊奇极了，把他抓住，送到官府去。县官觉得很奇怪，居然有人敢在光天化日之下抢东西，便问他究竟是怎么回事，书呆子说了原委，县官不由地哈哈大笑，把他放回了家。

这就是一叶障目成语的由来。

一叶障目是指看问题片面，看不到事物的全貌，比喻为局部现象所迷惑，看不到全体或整体。

一叶障目，常与"不见泰山"相连。意思是做事要动脑筋，不能盲目听从他人的意见，要站得高，看得远，处理问题要全盘考虑，不能只知其一，不知其二。这也说明，世上的路有千万条，解决问题的方法也有千万种。

游动物园

生活中需要我们做出放弃，但什么才是最难放弃的，是一种道义，还是一段感情？是金钱、财富？还是浮名、权势？

两个人一起去动物园玩。动物园非常大，他们的时间有限，不可能参观到所有动物。他们便约定：不走回头路，每到一处岔路口，就任意选择其中一个方向前进。

当他们走到第一个路口时，路标上显示，一侧通往狮子园，一侧通往老虎山。他们琢磨了一下，选择了狮子园，因为狮子是"草原之王"。

又到一处路口，分别通向熊猫馆和孔雀馆，他们选择了熊猫馆，熊猫是"国宝"嘛……

他们一边走，一边选择。每选择一次，就放弃一次、遗憾一次。因为时间不等人，如不这样做，他们的遗憾将会更多。他们只有迅速做出选择，才能减少遗憾，得到更多的时间，看更多的动物。

选择是一个艰难的过程，选择了其中一个就意味着放弃了另一个。但只有懂得选择，舍得放弃，才能够减少更多的遗憾。再艰难的选择，一旦选择了就意味着放弃。 狐狸吃不到葡萄说葡萄酸，被人说成"酸葡萄定律"。这个定律说明本想拥有，却无法拥有时，不如放弃它。

放弃是一种谋略，虽然放弃会让人难受，但永远抓在手中，如果

不能用，就会成为"鸡肋"，而"鸡肋"弃之可惜，不弃，甚至会被其所累。

放弃是一种智慧，它会让人更加清醒地审视自身内在的潜力和外界的因素，会让人本来充满纠结的身心得到调整。

关注应该关注的事，不去想自己控制不了的事。

狼与老虎

懂得放弃的人，会用乐观、豁达的心态去看待没有得到的东西；而不懂得放弃的人，只会焦头烂额地盲目地乱冲乱撞去追求，最后不仅未能达到目标，而且因总陷于"得失"之中而烦恼不断。

有个寓言故事：

一天，狼发现山脚下有个洞，各种动物由此通过。狼非常高兴，心想，守住洞口就可以捕获猎物。于是，它堵上洞的另一端，单等动物们来"送死"。

第一天，来了一只羊，狼追上前去，谁知羊找到一个可以逃生的小偏洞仓皇逃跑了。

第二天，来了一只兔子，狼奋力追捕，结果，兔子从洞侧面一个更小一点的洞里逃走了。

气急败坏的狼找寻了洞中大大小小的偏洞并全都堵上，心想，这下万无一失了。

第三天，来了一只老虎，狼在山洞里窜来窜去，由于没有出口，无法逃脱，最终，这只狼被老虎吃掉了。

这个故事告诉我们，生活中许多人在为人处事时容易走向一个极端，比如，不能吃一点亏；比如，遇到有利可图之事，削尖了脑袋往里钻，比如，不择手段拼命占"便宜"。

但有"贪"必有"失"，就像故事中那只狼，总想吃掉所有进洞的动物，谁知自己最后逃无可逃之处，被老虎吃掉。

放弃在开始时是痛苦的，甚至是无奈的选择。但是，若干时日后，当回首那段往事时，你会为当时正确地选择放弃而感到思路正确。因为，放弃并不等于失去！

人生的战场上，"自己"是最重要的武器。但如何打赢对方，靠的是"心智"。

第七章
没有永远混浊的河水

少一些"想法"，少一些私心杂念，看淡一些"得不到"和"已失去"，

把握现有的点点滴滴，快乐幸福就在你身边。

真正的快乐

人的快乐不是来源于外界，而是来源于其内心对快乐的认定。

快乐是一种心态，有时可以从小事中得到，有时可以从大事中得到，有时可以从自身中得到，有时可以从外界或他人身上得到。但从外界或他人身上得到的快乐，往往不是真正的快乐，只是获取快乐的方式之一；而从自身内心得到的快乐，才是真正的快乐。

从前，有一个青年认为自己生活得不快乐，于是就向父亲请教怎样才能快乐，父亲对他讲了庄周梦蝶的故事：

有一天黄昏，庄周一个人来到城外的草地上，他很久都没有这样放松了。

庄周仰天躺在草地上，闻着青草和泥土的芳香，尽情享受着，不知不觉就睡着了。睡中他做了个梦，在梦中，他变成一只蝴蝶，身上色彩斑斓，在花丛中快乐地飞舞。上有蓝天白云，下有黑土大地，还有和煦的春风吹拂着柳絮，花儿争奇斗艳，湖水荡漾着阵阵涟漪——蝴蝶沉浸在四周美妙的梦境中，庄周完全忘记了自己原来是谁。

突然间，庄周醒了过来，但他的梦他还记得，一时他分不清自己是庄周还是蝴蝶。他不能立刻区分现实和梦境。

后来，过了很长时间，庄周才明白：原来梦中那舞动着绚丽的羽翅、

翩翩起舞的蝴蝶就是他自己。庄周，是蝴蝶；蝴蝶，也是庄周。庄周感到现在他的心态和原来不一样了。那片刻的梦境，带给他无限的快乐和幸福。

故事讲完后，父亲对青年说，"一只小小的蝴蝶飞入了庄周的心，改变了庄周看待事物的想法，这样的小事也能让他快乐，还有什么事能让他忧愁的呢？

青年听完父亲的话后，明白了如何让自己快乐的道理。

庄周梦蝶的故事说明人要快乐，首先心要快乐，而心要快乐，人的态度就要端正，要有积极心态；反之，态度不端正，总是消极处事，戴着"有色眼镜"看人，心就不会快乐，人也就不快乐。

人要自己制造快乐，自己享受快乐。当你被莫名其妙的烦恼、痛苦、哀伤包围时，赶快去寻找快乐，烦恼、痛苦、哀伤就会一扫而光。烦恼、痛苦、哀伤由心生，快乐也由心生，而丢掉烦恼、痛苦、哀伤，自然快乐就来了。

利人才会利己

人的快乐，不是名利能带来的，也不是金银珠宝"堆积"出来的，赠人玫瑰，手留余香，这是快乐的源泉。有人说助人不仅利人，更利己，是的，助人其实是一件令人快乐的事情！

有一位很想成为富翁的青年，辛苦地寻找着成为富翁的方法。几年过去了。他不但没有变成富翁，反而成为衣衫破烂的流浪汉。

最后，他想起了寺庙里的观世音菩萨。他认为菩萨无所不能，能救苦救难，于是就跑到庙里，向观世音菩萨祈愿，请求菩萨教他成为富翁的方法。

观世音菩萨真的说话了，她说："要想成为富翁很简单，你从这寺庙出去之后，要珍惜你遇到的每一件东西、每一个人，并且为你遇见的人着想，努力为他解决问题。这样，你就会成为富翁了。"

青年听了，心想方法真简单，早知这样，还到处找什么方法呀，青年高兴得不得了，告别菩萨，手舞足蹈地走出庙门，一不小心竟踢在石头上，被摔倒在地。当他爬起来的时候，发现手边有一个人们丢弃的香筒，他正想随手把香筒推开，猛然想起了观世音菩萨的话，便小心翼翼地捡起香筒向前走。

路上迎面飞来一只蜻蜓停落在香筒上，他想起菩萨的话，就没动蜻蜓，举着香筒继续前行。

突然，他听见了小孩子号啕大哭的声音，走上前去，看见一位衣着华丽的妇人抱着正大哭大闹的小孩子，怎么哄也不能使他止住哭叫。当小孩看见青年手上拿着的香筒以及蜻蜓时，立即好奇地停止了哭泣，并张开小手向他要，青年想起菩萨的话，就把香筒递给孩子，孩子高兴得笑起来。妇人非常感激，她从袋中拿出三个橘子送给他。

青年吃了一个橘子，拿着两个橘子继续行路，走了不久，看见一个布商坐在地上脸色煞白，不住地喘气。

青年想起菩萨的话，走上前去问道："你为什么坐在这里，有什么我可以帮忙吗？"布商说："我口渴呀！渴得连一步都走不动了。""那么，这俩橘子送给你解渴吧！"他把橘子全部送给布商。布商吃了橘子，精神立刻好了起来。为了答谢他，布商送给他一幅上好的绸缎。

青年拿着绸缎往前走，看到一匹马躺倒在地上，骑马的人正在那里一筹莫展。他征得马主人的同意，用那幅上好绸缎换了那匹"病马"，马主人非常高兴地答应了。

他跑到小河边找了个破碗，盛了一碗水给那匹马喝，细心地照顾它，没想到才一会儿，马就站起来了。原来马也是因为天热口渴才躺倒在路上。

青年骑着马继续前行，在经过一家大宅院前面时，突然跑出来一个老人拦住他，向他请求："你这匹马，可不可以借给我用一用呢？"

青年想起观世音菩萨的话，从马上跳下来，说："好，就借给你吧！"

那老人说："我是这宅子的主人，现在我有紧急的事要出远门。

这样好了，你帮我照看照看这宅子吧，等我回来还马时再重重地答谢你。"说完，就匆匆忙忙骑马走了。

青年在那座大宅院住了下来，他每天收拾收拾院子，等老人回来。不久，老人回来了，看到青年这么懂事，又听了青年说的经历，便把青年留在家中，帮他打理家事。

青年安定后，悟道：帮人就是帮自己，再有钱的人也有困难的时候；再没钱的人，帮了别人，也会有得到他人帮助的机会。帮助别人即使是小事，也能帮到自己。

是的，每一个人都要明白，帮助他人就是在帮助自己，即使一时得不到回报，至少心是富足的。人，不论身处环境如何，本身是否富裕，是否有地位，都不能只顾自己。这个社会是由人构成的社会，帮人就是编织自己的人脉网络，因此，将感情作为一项投资项目换取他人的帮助，这是世间最好的投资。

一个人成功的85%取决于其拥有的人际关系，俗话说，"一个好汉三个帮"。有良好人际关系的人，做任何事情都会事半功倍。

你愿做一杯水，还是一片湖？

你愿做一杯水，还是一片湖？一个人如果有湖的胸怀，就不会整日陷在"自我"之中，愤世嫉俗，斤斤计较；而愿做一杯水的人，由于心胸狭隘，往往一点小事，就会怨天尤人，气愤难平。

人在任何情况下都应选择宽容、大度，因为计较于事无补。生活中，一帆风顺的事不常有，磕磕绊绊的事总是在所难免，就像月亮圆缺转换、明暗轮回，这是自然规律；就像大海潮起潮落，不可更移，这也是自然规律。绝对的完美在生活中是不存在的，只是人的想象，不完美是现实的常态。

一位禅学大师新收了一名弟子，后来发现这名弟子心胸狭窄，凡事总爱计较，一不顺心就抱怨，好像天天做事都不合他意，常常牢骚不断，怨天怨地。

有一天，大师吩咐他抓一把盐放入一杯水中，然后让他喝一口。

"味道如何？"大师问道。

"咸得发苦。"弟子皱着眉头答道。

随后，大师又带着弟子来到湖边，吩咐他把带着的一袋盐撒进湖里，然后说："再尝尝湖水。"弟子弯腰捧起湖水尝了尝。

大师问道："什么味道？"

"没味道。"弟子答道。

"尝到咸味了吗？"大师又问。

"没有。"弟子答道。

大师点了点头，微笑着对弟子说道："生命中的牢骚是盐，它的咸淡取决于盛它的容器，即你的肚量有多大。"

弟子听后，点了点头。从此，他不再牢骚不断，抱怨没完没了了。

人要想活得愉快，就得减少烦恼；要想减少烦恼，心胸就得宽广，学会善待自己和容忍他人。

人的生活应该是多姿多彩的，像"采菊东篱下，悠然见南山"；像"会当凌绝顶，一览众山小"；像享受日出而作、日落而息的平淡从容，像享受海阔天空、看飞鸟自由翱翔的景象，像享受看山清水秀无限风光在眼前的大自然变化，像享受看百川归海的澎湃气势……

一个人只要愿意做一片湖，就能真真切切地体会生活中的点滴幸福，过实实在在的甜酸苦辣人生。反之，做一杯水，就会被狭隘框住，犹如坐在井底的青蛙，只看得见一小片天。

珍珠不会因为有一点瑕疵，影响其整体的美丽。人站的角度不同，看问题也就不同，将抱怨、牢骚放在心底、多做宽容、包容之事，快乐就会不请自到。

不去管明天的落叶

事上本无事，庸人自扰之。生活中人的许多烦恼不是由于外界原因引起的，都是自己给自己制造的。

一个新来的小和尚，被派去早上清扫寺庙院子里的落叶。

在冷天的清晨起床扫落叶实在是一件苦差事，尤其在秋冬之际，每一次起风时，树叶总随风飞舞落下，每天早上都需要花费许多时间才能清扫完树叶，这让小和尚头痛不已。他一直想要找个好办法，让自己轻松些。

后来有个师兄给他出主意说："你在明天打扫之前先用力摇树，把落叶统统摇下来，后天就可以不用辛苦扫落叶了。"

小和尚觉得这真是个好办法，于是第二天他起了个大早，使劲地猛摇树，这样他以为可以把今天跟明天的落叶一次扫干净了。这一整天，小和尚都非常开心。

第三天，小和尚到院子一看，不禁傻眼了：院子里跟往日一样，还是落叶满地。

师傅走了过来，意味深长地对小和尚说："傻孩子，无论你今天怎么用力，明天的落叶还是会飘下来啊！"

小和尚终于明白了，世上有很多事是无法提前做的。如果明天有落叶，今天是无法提前将它们全部扫光的。烦心、快乐也是如此，如果明天有烦恼，今天是无法解决的，如果明天有快乐，今天也是无法想象和体味到的。人生不要无谓地预支未来的烦恼和快乐，唯有认真地活在"当下"，才是最真实的人生态度。

事实上，人有90%的烦恼都只是存在于自我的想象中，往往并不会出现，犹如人生有很多的恐惧和担心完全是由人们内心想象出来的一样，很多是不会发生的，人的"想"只会扰乱内心，属于庸人自扰。

当然，烦恼、担心是人最常见的情绪，因为人不是神仙，总有办不了的事，实现不了的愿望。不仅仅是普通人，位高权重、有钱有势的人同样有烦恼、担心。但是有了烦恼、担心，一定要立刻排遣，不要让烦恼、担心没完没了地存在大脑中，妨碍正常思考，影响正常做事。

人每一天都有每一天的"功课"要做，只要努力做好今天的"功课"就行了。

螳臂当车

人若有自知之明，首先不会盲目自大，其次不会自卑自怜。人是世界上最高等的动物。但在认识自我时往往会误入"歧途"，原因就在于有时不能正确对待自己。

春秋战国，齐庄公乘车出游，忽然看到路上一种叫螳螂的小虫伸出前臂，阻挡车子前行。齐庄公十分惊讶。

车夫说，"这种虫子凡是碰到对手，就会伸出前臂，阻挡对手，它们并不想自己的力量有多大，能否阻挡得住对手，于是经常被车轧死。"

这就是成语"螳臂当车"的由来，用来比喻没有自知之明、不自量力的人。

生活中，人应该了解自己，弄清"我是谁？"、"我能干什么"？

老子曾说："知人者智，自知者明，胜人者力，自胜者强。"可见，对自己正确的认识是多么重要。

历史上，汉武帝刘邦本是一个小吏，"文不如张良，武不如韩信，治国安邦不如萧何，"但其最终成就霸业，这与他善用人，对自己有正确认识分不开。与他极为相像的，还有三国时蜀主刘备。

刘备本是卖草鞋落魄的汉室宗亲，由于其知人善任，故最终在诸葛亮的辅佑下，在张飞、关羽等一批忠诚将士的帮助下，取得政权。

人无论多么聪明，多么有智慧，一旦不能正确认识自己，就会失去自我，就会走向盲目之路，就会迷失前行的方向，聪明才智也发挥不出来。而正确认识自己，有时虽不能立刻达成目的，但可以保持清醒的头脑。

人生是不断认识自我的过程，这个过程有时很幸福，有时很痛苦；有时看得清，有时需拨开重重迷雾。

人生又是不断校正的过程，当人生之船脱离了正确的航道，就应该赶快校正，以免误入漩涡、暗流，偏离原来的方向。

心病

有时候，我们的心就像一间封闭的房间，里面装满了种种烦恼、失去所爱的悲伤、实现不了愿望的痛楚，等等，这些影响着我们的心情，让我们情绪不稳，心火上升。此时，如果能在心中凿一扇窗，让这些负面情绪消散一些，减轻自己的压力，尝试着给自己一些快乐，那么心情就会好转，情绪就会安稳。

有一个女人，因为重病住进了医院。她看看左右的人窃窃私语，嘀嘀咕咕，问医生，医生回答简简单单，没有说"很快就好"之类的话，总是说"安心养病"等等，女人感到身体越来越差，她觉得自己快不行了。

她开始每天都愁眉苦脸，吃任何东西都没有胃口，家人想尽办法希望她能笑一笑，快乐一点，可是她怎么也高兴不起来，她的脸色一天比一天难看，身体也一天比一天消瘦。

家人看到她这个样子，实在不忍心，心里很难受。有一天，他们听说城里来了一位著名的医生，于是就去请他来医院帮忙劝导一下病人。

医生来到病床跟前，这个病着的女人悲伤地告诉他，自己没有几天可以活了，还告诉他，自己经常夜里梦见死亡的来临，那场面真可怕。

医生听完她的话，把脉沉思了一会儿，忽然抬起头来惊愕地看着她，说："你为什么总是想着死，而不想一想活呢？"

女人听了，问医生自己有救吗？医生点点头说："你确实得了重病，但不是绝症。只是需要多一些时间治疗。"女人自言自语地说："我还以为活不长了，也是，我为什么不去想着好好活呢？"

从此，这个患了重病的女人心情变得好了很多，她不再为病为什么不快些好而苦恼，而是想着怎样能尽快把病医好，她配合医生的治疗，渐渐的，她的精神状态变得好了很多，偶尔还在家人的陪同下去病房外面散步。

一年后，她居然病好，出院了。

人在遇到痛苦、疾病之时，不妨在"心房"中多开几扇窗，将不好的情绪排一排，让新鲜的"空气"有机会进来，让"心情"不断更新，这样才有能力去抵抗身体上的疾病、精神上的痛苦。即使抗拒不过，至少心情是高兴的，人生的路走起来还是有精气神儿的，就算自己一旦与世界告别，也没有什么遗憾，因为你努力了。

过河

很多人的是非观念往往是因为社会中约定俗成、普遍适用的"应该"、"不应该"标准造成的。他们认为表面看起来是对的、好的就是合理的，能做的；而表面看起来是错的、不好的则是坏的、不合理的，是不能做的，还有一部分人认为他人说对的、好的就要听的，跟从的，他人认为不对的、不能听的就要放弃，这些论点都是偏执的，唯心的，不客观的，有时甚至是极为荒谬的。因为实践出真知，很多事情不能只看表面现象。

有个和尚和徒弟想经过一条小河到河对面。

因为刚刚下过一场大雨，河水暴涨，他们看见一个女子正面对河水坐着发愁。

和尚问女子可否能背她过河，女子同意。

和尚于是毫不迟疑地背起女子，不慌不忙地过了河。

女子道谢后就离去了，和尚和徒弟继续走着。走了一段路后，徒弟实在忍不住了，就问师父："我们出家人不近女色，您为什么要犯戒呢？"

和尚听了后想了想回答道："什么！刚刚那个女子啊？你到现在还'背'着她啊，我早就把她给'放下'了。"

徒弟听后默默无语。

很多时候，事情就是这样的奇妙。师傅背了女子，"放下"后忘了，而没有"背"人的徒弟却念念不忘。

过于注重外在的形式而内心处于不安的状态，与不注重外在形式而内心平静的心态相比，这两种态度差别是多么巨大啊！

固守于循规蹈矩，心不敢多想，脚不敢多动，手不敢随便放，这是自己给自己设限，当然，没有规矩不行，但过于看重外在形式，墨守成规也是不行的。

"放下"即是快乐

世间最珍贵的不是"得不到"和"已失去",而是现在能把握的点点滴滴。

人的一生总是背负着很沉很沉的"包袱",里面装着数不清的功名利禄、仇恨怨责,但即使这样,压得都快喘不过气了,很多人仍然不肯扔掉、"放下",因为,在这些人看来,"包袱"虽重,里面一样东西都舍不得丢掉,于是旧的清除不出去,新的不断添进来,"包袱"越来越大,越来越沉,甚至压弯了人,而这些人还认为"包袱"里的"所有"都是他的"人生",没有"那些",他的"人生"就不完整,生活就没有了任何意义。

其实,人空手而来,空手而去,现实拥有的东西,仅仅是一时拥有,暂时得到,就像珠宝财富不会是专属于某个人,世上其他东西也是一样,人一旦生命逝去,所拥有的一切也就易人了。

有一户人家,儿子最近生意不太顺利,一天,他嘟嘟囔囔双手各拿一个花瓶敬佛。

父亲看见后对他说:"放下!"

儿子就把他左手拿的那个花瓶放下了。

父亲又说:"放下!"

儿子又把他右手拿的那个花瓶放下了。

父亲还是对他说："放下！"

儿子说："能'放下'的我已经都'放下'了，我现在两手空空，没有什么可以再'放下'了，你到底让我'放下'什么呢？"

父亲说："我让你'放下'的，你一样也没有'放下'；我没有让你'放下'的，你全都'放下'了。花瓶是否'放下'并不重要，我要你'放下'的是你烦乱的心。"

是的，生活中，人不要太看重外在形式，本质才是最关键的。"放下"说起来简单，实际上很难。单纯指放东西就不说了，要"放下"人生中的喜怒哀乐，那是真正的难上加难。

人生中，"放下"该"放下"的，"清除"该"清除"的，"添加"该"添加"的，让自己的"心"轻一些，让自己的心"新鲜"一些，让身上所背的"行李"少几件，让随身带的有用些，这样才能轻松欣赏到人生沿途美丽的景致；否则，一味弯腰低头，筋疲力尽地行路，没到目的地，就被"压"得抬不起头了，更别提什么欣赏人生的美景了。

乐于"忘记"、乐于"放下"、乐于"糊涂"，都是一种心理平衡法则，无论过去成功的还是失败的，都是过去了的事。该"放下就放下"，"该忘记就忘记"。总拿明日黄花当作眼前美景，让过眼烟云在心头永留，便会使心灵之船不堪重负，记忆之舟承载不下。

有这样一首诗："春有百花秋有月，夏有凉风冬有雪，若无闲事挂心头，便是人间好时节。"

人应该一路走来，一路"放下"、一路"忘记"，这样才可以轻装前进，心无挂碍，轻松快乐地前行。

人生中填不满的是"欲海"，攻不破的是"愁城"。"放下"那些压得你喘不过气来的沉重的"包袱"，你会觉得轻松许多。现在，有些人总是习惯于把自己手里的一切都牢牢抓住，即使无力背负也要强行在肩。

人生就是个过程，最大的"敌人"是自己。自己不愿"放下"、不愿"忘记"，那么只会背着人生的"包袱"边行边自讨苦吃。

没有永远混浊的河水

"等"在人生中是许多人最不愿做的事。君不见，公共汽车人满了，还是有不少人扒着车门往里挤；秩序井然的小汽车道上，众小汽车正井然有序地行驶，忽然不知从哪就窜过来一辆"加塞"的小汽车；人行道上，绿灯还没亮，过马路的人就等不及了，快步穿行；……"等"，在生活中，被人们认为是"慢"的代名词，是"不作为"的同义词。

其实，"等"也是一种人生智慧。像"宁停三分，不抢一秒"、像"万事俱备，只欠（等）东风"，都形象地说明了"等"的重要性。"等"是一种积聚的过程，是一种行动奋发过程中的休息站。有时"等一等"，更是为了进一步。

有师徒两人，一大早就行路，走了好久，过了一条小河后，徒弟感到又累又渴，就对师傅说："歇会吧，师傅。"

师傅坐下来，打开水囊，发现里面一点水也没有了。于是对徒弟说："你到咱们刚过来的小河边打些水吧，小河的水很干净，想来一定甜美，灌满些，一会儿还要赶路。"

徒弟拿过水囊，向小河边走去，过了一会儿，徒弟空着水囊走来。

师傅看了看满脸愁容的徒弟，问："为什么不打些水来？"

徒弟气愤地说："师傅，河边有一伙刚过河的马队，那些商人让马站在河边正给马洗涮呢？师傅，我们再找一处有水的地方吧。"

师傅笑了，他说："走，我们再去那条小河看一看。"

徒弟一百个不情愿地嘀咕着跟着师傅。"换一条河吧，干吗非得在那条肮脏的河里打水呢？"

师徒二人走到河边，河边马队已看不见了，只剩下一条清清的、静静的小河在他们面前。原来徒弟一来一去的时间，马队的人已经走了。徒弟大睁着眼，看着清清的小河。

师傅说："等一等，你看水不就清了吗？没有永远混浊的河水，流水不腐，户枢不蠹啊！"

生活中有很多事情是"等来的"。最典型的例子，三国时诸葛亮赤壁大败曹军，等的就是东风来临。因此，无论你想事业有成，还是想成为某个领域的专家，只有通过不断努力学习，等以时日，才能达到目的。

有些人认为"等"是"慢"或是"不作为"意思。这是不对的，"等"分几种，一种是具备了某些条件，还须再"等"促化剂；一种是在遇到了坎坷或困境时，暂时的"等"，是为了冷静思考，"冷处理"；一种是遇到不能解决，"停（等）"是为了更进一步，以退为进；还有一种是真的不作为，"等着"、"等着"，人就消沉下去了。

因此，我们对"等"要有正确的认识。有时我们的人生之路走不下去了，那就停一下，"等一等"，记住世界上没有永远混浊的河水，等一等，水就清了，停一停，积蓄力量，生发智慧。

人不是万能的，在遇到不能解决的问题时，"等一等"，也许就会有转机的可能。"等"不是在白白浪费时间，"等"的过程是思考的过程，是再次选择的过程，也是放弃或从头再来的过程。

钓鱼

人生在世，追名追利难免，但更要追"乐"。

追名追利要追之有"度"，因为一旦"贪心肆起"，人就没有满足的时候，就不能控制自己，最终有可能什么都得不到；而追"乐"，可以少设限制，因为人生短暂，快乐不仅使生命增值，同时会使人生命焕发出光彩。

在一个海滩上，一位七旬老人，每天坐在固定的一块礁石上垂钓。无论刮风下雨，还是烈日当头，他都会来到这里。

他生于这个地方，长在这个地方。每天钓鱼，他不管运气怎么样，钓多钓少，3 小时的时间一到，便收起钓具，扬长而去。

老人的古怪行为引起了一个来旅行的年轻人的好奇。终于有一天，年轻人忍不住走到老人的身边，问道："当您运气好的时候，为什么不一鼓作气钓上一天？这样一来，就可以满载而归了！"

老人平淡地反问道："钓那么多鱼干什么？"

"卖钱呀！"年轻人觉得老人的问题可笑。

"得了钱用来干什么呢？"老人却平静地问。

"你可以买一张网，捕更多的鱼，卖更多的钱。或者雇人替你钓鱼，你就可以自己不辛苦了，也不用风吹日晒了。"年轻人迫不及待地说。

老人笑了。"好，就算我卖鱼的钱很多了，你说还能干什么？"

年轻人接着说，"买渔船，雇更多人出海去，捕更多的鱼，再赚更多的钱。"年轻人认为有必要给老人订一个规划。

"赚了钱再干什么？"老人仍一那副无所谓的样子。

"组织船队，赚更多的钱。"年轻人心里直笑老人的"傻"。

"赚了更多的钱再干什么？"老人准备收竿了。

"开公司，不光捕鱼，而且运货，浩浩荡荡地出海，赚更多更多的钱。"年轻人眉飞色舞地描述道。

"赚了更多更多的钱还干什么？"老人的口吻已经明显地带着不经意的语气了。

年轻人看着老人，"当然是为了享受生活！"

老人笑了："小伙子，谢谢你的宏伟计划，你看我每天钓上3个小时的鱼，其余的时间嘛，我可以想干什么就干什么，生活不仅仅是赚钱，人和人的想法不一样，我认为够吃够用就可以了，我对赚多少钱没兴趣，我认为看看大海，看看朝霞，看看落日，看看涨潮，看看退潮，就是享受生活啦。"说话间，老人收拾起东西走了。

人两手空空来到世间，就是靠双手劳动创造财富、享受生活。享受生活并不是财富越多越好，人一旦双手抱满东西，就要学会"放弃"，人生中有许多东西都是多余的，得到你该要的，拥有你该拥有的就可以了，有时，简单而快乐的生活是人生最大的幸福。

功名利禄犹如浮云，富贵地位都是暂时的，幸福快乐才是人生真谛。一个人如果总不满足，即使拥有全世界，他也不觉得快乐。

第八章

多情总被无情恼

　　婚姻学中重要的一课是睁开一只眼欣赏对方优点，闭上一只眼包容对方缺点。

　　友情学中重要的一课是在他人困难时无私地伸出自己的援手，在患难中显现友谊的忠诚。

　　伦理学中重要的一课是孝顺。

两情若是久长时，又岂在朝朝暮暮

爱情是一种超脱物质之外的人的情感，爱情是心心相印的人不可分割的情感。爱情是无私的给予对方，不是现实中的"占有"与"被占有"关系。

牛郎织女的故事是中国传统的神话故事。

牛郎，因为经常放牛，乡里人就把他唤作牛郎。他家里还有一个哥哥，兄弟俩自幼父母双亡，哥哥对弟弟一直都很好，只是后来娶了嫂嫂，就把弟弟扔下不管了。牛郎起早贪黑地放牛，能够听他诉说心中苦楚的也只有他养的那头牛了。

有一天，天上的织女下到凡间来游玩，她看见勤劳朴实的牛郎，就暗许芳心。后来两人成了亲，织女还为牛郎生了一男一女两个孩子，四口人过着平平淡淡的美好生活。

可是，纸是包不住火的，王母娘娘发现女儿织女不见了，掐指一算，知道她已在凡间留恋几年，便派了天兵天将下凡来捉拿织女，织女知道力抗无用，只能随之返回天上。

牛郎失去了织女，痛心不已，整日里以泪洗面，也无心地里的活计了。老牛看他如此地伤心，便对他说："如果你想上天去见织女，或许我能帮你。"牛郎一听老牛讲话了，惊奇不已，原来此牛是天上的金牛。

　　牛郎顺利地到达了天上，可是王母娘娘不让他和织女见面。牛郎伤心欲绝，织女知道牛郎来了而彼此不能相见，也是伤心难过。不顾母亲拦阻，执意去见牛郎。

　　王母娘娘用银簪划了一条天河。这条天河就是银河，牛郎、织女被分别阻断在银河的两岸，后来，王母娘娘被俩人坚贞不屈的爱情感动，允许他们在每年的 7 月 7 日相会一次，这天会有很多的喜鹊来为他们搭桥。

　　牛郎织女的爱情故事是感人的，成为传唱千古的爱情名篇之一。

　　在很多夫妻的日常观念中，认为夫妻就是"占有"关系。很多人有喜欢什么就想据为己有的心理是太正常不过的心理，但这不是一种健康的人生理念。而爱情中的"占有"及"被占有"心理，也是一种不正确的婚姻态度，婚姻中人人平等，只有双方相互付出，才能得到一加一大于二的爱情。

问世间情为何物

真正的爱情，不在于相聚时的长与短，不在于分开时的长与短，而在于彼此心中是否长久地思念对方。

在爱情的道路上，大多数人都不是一帆风顺的，有的人会遭遇失恋，有的人会遭遇分手，还有的人会遭遇婚变。

其实，失恋了，不应该过于难过，因为，失恋只不过是失去一个和你谈恋爱的人而已，也许这是新生活的开始；分手、婚变也不应该过于悲伤，因为只要心中有爱，就不会失去爱。

一个老人晚饭后去散步，遇见一个放声大哭的年轻人。

老人问年轻人："你为何如此伤心？"

年轻人答道："我失恋了。"

老人闻听连连拍掌大笑道："糊涂呀糊涂。"

年轻人停住哭声，气愤地质问老人："我都失恋了，你为什么还如此取笑我？"

老人摇头道："不是我取笑你，而是你自己在取笑自己啊。"

见年轻人不解，老人接着说："你如此伤心，可见你心中是有爱的；既然你心中有爱，那对方就必定无爱，不然你们又何必分手？而爱在你这边，你并没有失去爱，只不过失去一个不爱你的人，这又有何伤心呢？

我看你还是回家去睡觉吧。养好精神，调整好心态，明天去找你的新爱，该哭的应是离开你的那个人，她不仅失去了你，还失去了你对她的爱，多不值啊！"

年轻人听罢不哭了，恨自己对这浅显的道理怎么都没弄懂，于是向老人鞠了一个躬，转身离去。

古人说："临渊羡鱼，不如退而结网。"遇到任何伤心之事，首先要静下心来，化伤感为力量，化压力为动力，跳出伤心难过的藩篱，远距离看待事情，慢慢就会品出其中经历的滋味，自己也就慢慢成熟、坚强起来。

失恋、分手、婚变都是人们尤其是年轻人经常会遇到的事，但失恋、分手、婚变失去的都只是一个人人生中的一段经历而已。

天涯何处无芳草。失恋、分手、婚变，没准是上天又一次给人们降临的爱情选择机会。

婚姻 "糊涂学"

生活中需要"舍",婚姻中也需要"舍",如果一方对另一方总是斤斤计较其对错,婚姻则不会维持长久。

真正的夫妻之爱,是对彼此的优点、缺点的包容和认同,是对彼此的情感关爱与呵护,是对彼此的生活态度的熟悉和习惯。

很久以前,有一对清贫的老夫妇,有一天他们想把家中唯一值钱的一匹马拉到市场上去换点更有用的东西。于是,老头子牵着马去了集市。

他先与人换得一头母牛,又用母牛去换了一只羊,再用羊换来一只肥鹅,又用肥鹅换了一只母鸡,最后用母鸡换了别人的一大袋烂苹果。在每一次交换中,老头子都觉得那是给老伴的一个惊喜。

当他扛着装满烂苹果的大袋子来到一家小酒店休息时,遇上两个外地人,老头子和他们聊起天来,告诉他们自己兑换的经历。两个外地人听后先是不理解,后来是哈哈大笑,他们对老头说:"你回去准得挨老婆子一顿骂!"老头子坚称绝对不会,于是两个外地人就用一袋钱打赌,如果他回家没有受老伴任何责罚,这袋钱就算输给他了。老头子听完点头答应,于是两个外地人一起跟着去了老头子家中。

老伴见老头子回来了,非常高兴,又是给他拧毛巾擦脸又是端水

出来给大家喝。老头子向老伴叙述赶集的经过。他毫不隐瞒，全过程一一道来。每听老头子讲到用一种东西换了另一种东西，老伴就十分激动地对老头子的做法表示肯定。

"哦，我们有牛奶了！"

"羊奶也同样好喝！"

"哦，有鹅蛋吃了！"

"哦，有鸡蛋吃了！"

诸如此类。

最后听到老头子背回一大袋已开始腐烂的苹果时，她同样不愠不恼，大声说："我们今晚就可吃到苹果酱了！"

其结果不用说，两个外地人就此输掉了一袋钱。

这个故事说明，家庭中即使对方做错了什么，只要心是真诚的，对对方就没必要大动干戈，要对对方的心意和对方的努力予以肯定，这样才能使家庭和睦，夫妻恩爱。

宽容、大度不仅是处世，也是善待婚姻的最好的方法，充分理解对方的行事做法，少苛求、少怨责，也是婚姻背后爱情保鲜的源泉，夫妻恩爱，互相谅解，这样的婚姻才是和美幸福的婚姻。

爱情是一门艺术，宽容是爱情的精髓，真诚是爱情的法宝。婚姻学中重要的一课，就是夫妻双方都要"糊涂些"，当然，这是一种"假糊涂"，真智慧、真聪明。

人无完人，婚姻中，只需睁开一只眼欣赏对方的优点，闭上另一只眼包容对方的缺点，就可以了。

孝顺 ——人生最大的教养

　　尽孝是中华民族的传统美德，每一个孩子长大以后都应对父母尽孝。父母生养孩子，对孩子行使抚养教育义务，孩子长大后，要赡养父母，感恩父母，继而对社会感恩。

　　尽孝、为善、感恩，是尊重他人，也是尊重自己的表现。特别是对他人的帮助要时时怀有感激、感恩之心。

　　舜是我国古代传说的三皇五帝之一，传说他还是一个普通人的时候，经常受到家里亲人的虐待，但他始终不改初衷，一如往常地孝敬父母，友爱弟弟。

　　舜的母亲在舜很小的时候就去世了，他跟着父亲和继母一起生活，继母后来又生了一个弟弟，名叫象。象是父母的心肝宝贝，家里有啥好东西都会给他；而舜呢，却被支使干这干那，连象也欺负他。

　　因为家里困难，收成又不好，一家人生活得实在很艰辛，于是家里人商量着想除掉舜，好节省一个人的粮食。有一次，父亲让舜去修补谷仓的仓顶，可等到舜爬到顶上准备修补的时候，家人就在下面放火，想把舜烧死，结果舜纵身跳下逃脱了；父母亲仍不死心，又让舜去掘井，等到舜掘井到深处，他们就在上面往井里填土，想把舜活埋在井里，结果舜挖地道又逃脱了。

家人的多次加害都没有成功，舜在危难的时候总是能够化险为夷，可是舜却并未因此而憎恨自己的父母，反而一如既往地孝敬他们，有好东西总是自己舍不得吃，拿回家给父母；田里的活也是自己干；对弟弟仍然很友爱。

后来尧帝听说了这些事，觉得舜对父母尽孝，对弟弟友爱，是个贤明孝顺、心地善良的人，于是把自己的两个女儿娥皇和女英都嫁给了他，还把掌管天下大权也交给了他。

而舜登上帝位后，就像过去没有发生过事一样，仍然经常去看望他的父母和家人。

事实上，像舜这样的父母世上是很少有的，虎毒不食子，天下哪会有父母加害自己的子女的。传说终归是传说，但是舜面对这样的父母，依然秉持一颗善心、一颗孝心，这对今天的我们有多么大的启发意义啊。

孝顺行善是一种美德。

孝顺行善的人是善良的人、感恩的人、有爱心的人，他们总是能给周围的人带来温暖的感觉。而善良、感恩、有爱心，是连接家庭的纽带，父母爱孩子，孩子孝敬父母，这是天经地义的事。家庭幸福美满，家庭成员身体健康，这就是人们最大的追求。

狐狸与仙鹤

真正的朋友是真诚的，是互相付出友情的，如果仅仅一个人付出真诚，那么，这份友情就不可能持久，世间没有任何一个人会心甘情愿地永远用真诚换取对方廉价的"友情"。

有一天，狐狸要请仙鹤吃饭。可是，饭桌上没有肉，也没有鱼，只有一个平底的小盘子，里面盛了一些浓汤。

仙鹤的嘴巴又长又尖，根本吃不到小盘子里的汤；可是狐狸呢，嘴巴又大又阔，一张嘴就把小盘子里的汤喝光了，还不停地发出"咂咂"的声音。

狐狸对仙鹤说："仙鹤，你吃饱了吗？味道不错吧？"聪明的仙鹤，看出狐狸是故意的，明知道自己不适合这样吃饭，却受到如此招待。于是，它一句话也没说就走了。

过了几天，仙鹤也请狐狸吃饭。狐狸还没有走到仙鹤家，就闻到了一股香味，馋得口水直往下流。狐狸赶快走进屋子，看见一个长脖子的瓶子里，装了许多好吃的东西，都是狐狸最爱吃的。

仙鹤指着长脖子瓶子对狐狸说："今天请你尝尝我烧的好菜，请吃吧。"仙鹤又拿来一只长脖子瓶子，自己吃了起来。

狐狸急忙伸长脖子，把嘴伸到瓶口，可是瓶子的口很小，他那又阔又大的嘴巴怎么也伸不进去。

仙鹤吃完了自己的一份，抬头见狐狸这副模样，就问狐狸："咦，你怎么不吃？还客气什么？"

狐狸想起自己请仙鹤吃饭的事，很惭愧，脸涨得通红。

仙鹤看出了狐狸的愧疚心理，于是把准备好的用碗盛的肉端给了狐狸，并说："你看我够不够朋友？你知道我的嘴巴长无法用盘子吃饭，上次你请我吃饭，居然还用计，这次我也用计，你是不是很不好受啊？咱们都是朋友，为何不以诚相待呢？"

狐狸记住了仙鹤的话，在仙鹤家饱饱地吃了一餐，狐狸很感激仙鹤的朋友之情。从此以后，它们成为了好朋友。

要小聪明或以为朋友只可以利用，是缺少真诚的表现。谁都不"傻"，妄想他人"傻"的人，其实自己很"傻"。

言而有信

人无信不立,答应了别人什么事,千难万难一定要做到,切忌开"空头支票",否则,不但给他人增添烦恼,也会使自己名誉受损。像"言过其实"、"言而无信"、"背信弃义"等成语,都是指人不守信用,其行为也是人所不齿的行为,讲诚信、守诺言则是人高尚的品德和情操。

东汉的张劭和范式是两个要好的朋友,张劭是汝南郡人,范式是山阳郡人,因为他俩同在京城的某家书院读书而相互结识,后引为知己。

毕业了,两人要分别了,在十里长亭,张劭送别范式,难舍之情萦绕于心,张劭望着前方的天空,凄然叹道:"唉,今日一别,不知与兄何时再相见。"说罢,泪水不觉盈湿了眼眶。范式劝解到:"兄长莫要伤悲,两年后的今天,弟一定前去贤兄家里探望,到时再与兄长把酒言欢。"两人端起酒杯,饮完"离别酒"。

转眼两年过去了,深秋到了。一天,张劭站在院中,不由得自言自语说道:"他应该快来了。"说完,赶紧回到屋里,对母亲说:"娘,刚才我听见天空雁叫,范式快来了,我们准备一下吧!"

母亲不相信地说:"傻孩子,山阳郡离我们这有一千多里路,范家儿郎怎么会来。"张劭解释道:"娘,范贤弟为人诚实、讲信用,有君子之风,他既答应我要来此,就一定会来的,我们还是赶紧准备

准备吧！"母亲无奈，只好顺着儿子，去厨房准备去了，范式则到镇上买酒去了。

午时刚过，范式真的来了，张劭欢快之情喜上眉梢。旧友重逢，两人感慨，老母亲也激动地在一旁擦拭眼泪，感叹地说："天下真有这么讲信用的朋友。"两人把酒言欢，促膝而谈，直到深夜，方才睡去。

《弟子规》中有"凡出言，信为先"之说，意思是人与人之间，只要是说出的话，就要算数，不能食言。人要有诚信品格，而诚信品格就像银行存有一笔丰厚的储蓄，会源源不断带来增长的"利息"。

"为事不以诚，事必败，待人不以诚，则表其德而增人怨。"不诚不达，不信不立，这是亘古不变的真理。从某种意义上说，一个人损失了财产并不可怕，但一个人失去了做人的诚信，就把一切都失去了。

诚信在某种意义上，已经超越了道德的范畴，成为人立足社会的根本。

做人应当以诚信为本，诚信有两层意思，一层为诚实，一层为守信。诚实就是忠诚、正直、言行一致，表里如一。守信就是遵守诺言、不虚伪、不欺诈。

诚实是守信的基础，守信以诚实为依托，诚实守信是人类的美德，是人类高尚品质的核心，是人类成就事业的基石。

一个半朋友

真正的朋友比金钱权势还要重要，因为真正的朋友会在你困难时无私地伸出援手，在患难中显现友谊的忠诚。

交友是每个人一生中首要做的事，尤其是想成大事者，人际关系好更为重要。俗话说，一个人的力量是有限的，生活中许多问题也不是单凭个人能力就能解决的，每个人都有属于自己的长处和短处，因此，人要想在社会上有大的发展，聚人气，是第一步。其次，真心交友，朋友也会真心对待你。如果我们希望和别人的友谊能维持长久直至永远，真诚仅仅是一方面，还要不断调整、校正自己的处世方式，迎合朋友的交友原则。

古代有个儿子问父亲，您这辈子有几个真正朋友？

父亲回答说："有一个半真正朋友。"

儿子一脸茫然地问父亲："什么叫一个半朋友。"

父亲想了一会儿，说："儿子啊，这个我也不知道怎么跟你解释，这样吧，我告诉你我的一个朋友的地址，你去找他，就说，你被官府追捕，请他设法救你，然后你再回来告诉我他是怎么做的。"

儿子照着做了，回来后告诉父亲说："父亲啊，我按照您说的去做了，您的那一个朋友听说我是您的儿子并且正被官府追捕，于是，马上让他的儿子跟我对换了衣服，叫他从后门逃跑，把官兵引过去。"

儿子说完，父亲告诉他："这就是我的一个真正朋友，他在我最危难的时候，不顾自己也要帮我渡过难关。"

父亲接着说："儿子啊，你再去找我那半个真正朋友吧，也同样地这么跟他说。

儿子回来后跟父亲说："父亲，我同样地告诉他同样的事，他马上给了我一大口袋钱，让我从后门逃走，并保证不去报官。"

父亲听了之后说："是啊，这就是我那半个真正朋友，他在我最危难的时候，不会落井下石，会尽力地帮助我，但不会为我放弃他所有一切。"

儿子听了恍然大悟。

人生活在社会中，会有各种各样的人际关系，有的人会成为你的真正朋友；有的人只会是你的半个真正朋友；更多的人是你广泛意义上的"朋友"，即玩一玩、吃一吃、乐一乐的朋友，或者是倾听一番的朋友，但真正"帮忙"就不可能了。

人要多交真心朋友，俗话说："多一个朋友总要比多一个敌人好。"所以，用自己的真心诚意去对待你身边的每一个人，纵然许多人不会成为你真正的朋友，也不至于成为你的"敌人"。

交友要真诚，但也要慎重。